U0290270

◉ 商务新知译丛 ◉

ARCHITECT or BEE?

建筑师还是蜜蜂？

——人类为技术付出的代价

〔英〕麦克·科雷 著

张敦敏 译

商务印书馆
The Commercial Press
创于1897

2018年·北京

Michael Cooley
ARCHITECT or BEE?

The Human Price of Technology

© The Commercial Press, 2018
The copyright of the Simplified
Chinese edition is granted by the Author.

本书根据诺丁汉发言人出版社2016年平装本译出

献给埃尔尼·斯卡波罗和已故的丹尼·康罗伊，他们是卢卡斯航空航天联合管事委员会的秘书和主席，他们的想象力和无私奉献激励着我。作为我的良师益友，他们集中体现了工会运动中最优秀的品质。

蜜蜂建筑蜂房的本领使人间的许多建筑师感到惭愧。但是，最蹩脚的建筑师从一开始就比最灵巧的蜜蜂高明的地方，是他在用蜂蜡建筑蜂房以前，已经在自己的头脑中把它建成了。劳动过程结束时得到的结果，在这个过程开始时就已经在劳动者的表象中存在着，即已经观念地存在着。（译文引自马克思：《资本论·第一卷》，人民出版社 2004 年版，第 208 页）

——卡尔·马克思的《资本论》

目　　录

导　言

这是一部精彩著作的受欢迎的新版本。当本书在1980
年首次出版时，没有人能够预见到对麦克·科雷的这部开
创性著作的反应。从英国到德国，从美国到澳大利亚，它
成为社会进步思想家的某些感受，因为这些思想家所关心
的是技术变革对工作领域的影响，包括正面的和负面的
影响。

我记得我曾经被一种可能性打动，就是让工作更富有
意义的可能性。我父亲曾经是一位工人，他在一条半技能
型生产线上工作。生产线属于英国利兰汽车有限公司，地
点是在考利。在那里，改善工人对工作的满意程度至少可
以说有很大的空间。汽车工业工会搞出了一个计划，它提
出的不仅是怎样降低劳动中的厌倦感和重复性，而且还提
出怎样通过绿色投资和技术革新降低碳排放。

麦克是一位工程师、学者、工会活动家和社会主义
者，他在一场新运动中成为代表人物。这场运动提出了一
个积极的设想：我们怎样通过集体行动，利用技术的潜在
力量来改善我们的工作。在30年后的今天，这个设想仍然
是我们社会面临的最基本的问题。在一个科学技术进步使
人眼花缭乱的时代，政治家、雇主和工会活动家们迫切地
需要思考怎样管控科学技术进步对职工、家庭和社会的影
响。运输与普通工人工会有一位伟大的领导人杰克·琼斯，
他曾经说过的"劳工的脸色"现在比以往任何时候都更重
要了。

　　在本书问世的 35 年间，技术使我们的世界有了革命性的改变。信息技术系统越来越完善，资本的全球化和金融化的速度、各个工业迁移到海外的可能性、包括超市结账的各种过程的自动化，所以这些而且还不止这些都改变着人们的工作方式，也改变着人们所从事职业的本质。工作和居家生活之间的界限变得模糊不清了。从组装平板包装家具到处理我们自己的在线网络银行账目，我们做这些事情都是无报酬的。

　　在 20 世纪 70 年代，谁能预见到互联网如此彻底地改变所有的行业布局和经济结构呢？在未来的若干年，我们有可能看到更为剧烈的变化。今天，出租车司机抗议"优步"这种即时用车软件的发展，移动电话软件使用户能够预约微型出租车，而且还能避开许多保护传统计程车司机和乘客的规定。再过 10 年，我们将要面对无人驾驶汽车了。

　　经济学家经常谈论劳动市场的"空心化"，位于劳动市场顶端的职位很多，中部则较少，位于底部的职位则更多。全球化、金融化和大量的移民可以在某种程度上解释这种"空心化"的趋势。但技术的变化一直是最大的驱动力，这是可以论证的。从某种意义上说，应对这种趋势的影响已经是一个年深日久的挑战。布莱克所说的"黑暗的撒旦磨坊"出现在 19 世纪早期工业化的英国，从那时起到 20 世纪 20 年代亨利·福特的生产线，从苏俄的斯达汉诺夫式的闪电工人（苏联 20 世纪 30 年代以矿工斯达汉诺夫命名的社会主义劳动竞赛运动——参见李燕、王立强：《社会主义价值观与斯达汉诺夫运动之辨》，《探索与争鸣》，2009 年第 5 期），到 20 世纪晚期呼叫中心里的微观管理领域，技术总是塑造着人们的工作状态，但其变化正在加速。

　　在权力受到劳动者制衡时，人们常常感到这种变化就是捍卫工作职位、薪资和工作条件，并抵抗工作强度的增加。但是，正如麦克提醒我们的那样，技术的进步和解放是同义词。技术能使我们具有更高的技能，能使我们更易于就业。技术能够排除单调乏味的工作，使工作更能够启迪智慧，更具成就感。技术能够给许多职工更大的自由，使他们能够自由地选择工作地点和工作方式。今天，你步行路过任何一家咖啡店，都可以看到有人一边品尝着拿铁咖啡，一边敲击着便携式计算机的键盘。这种情况显示，数以百万计的人们，他们的工作状态迅速地改变了。

当然，事情也有另一面。由于员工人数不断增长，技术意味着工作场所一天 24 小时、一周七天都存在，管理部门毫不延迟地利用了这项发展。德国的公司虽然在鼓励员工不要在属于自己的时间查看电子邮件，但英美的资本主义体制却热心于利用数字技术的能力把工作引入人们的私人生活。就像美国著名乡村摇滚乐队"老鹰乐队"在歌曲《加州旅馆》中所唱的那样：你能够随时结账，但你绝对不能脱身。

如果认为凭借技术进行管控的情况仅局限于专业人士那就大错特错了。现在是零工时合同的时代，即按照工作量而不是工时领取报酬的时代，低工资临时工大军壮大了，他们总是能有效地做到招之即来，随时等候雇主或代理是否有工作的信息。我们在"亚马逊"看到过类似的情况，周密的监测系统和 GPS 跟踪系统的发展意味着奥威尔式的老大哥管理，对于许多加工行业的工人或体力劳动者的就业，是一个不幸的现实。

那个突出的问题仍然保持不变，还像麦克在 20 世纪七八十年代提出的那样。我们怎样对技术变革扬长避短？我们怎样确保科学的迅速进步是让职工更有力量，而不是奴役他们？还有，我们怎样使得这种进步的目标是有益于社会，如阻止气候变化，或者使得公共服务向弱势群体的需要倾斜。最终的问题是，我们怎样赢得为控制而进行的政治和工业之战。

我认为，在很大程度上，这个问题的答案应该是加强劳动人民的发言权，使他们感到，他们有希望影响技术和经济变化的方向。这个问题肯定是左派对未来叙事的核心问题，就这个问题而言，有许多东西我们必须向麦克所著的《建筑师还是蜜蜂？》的新版学习。麦克参与创建了著名的卢卡斯航空航天联合管事委员会，他也参与撰写了《为可用于社会的生产另作规划》。对于他这样的人物，你或许已经想到，他的核心信念是，劳动人民的技能性劳动促进了技术、科学和工业进步。在 20 世纪 70 年代劳动人民为争取控制权的运动中，麦克处于中心的位置，他鼓励劳动者施展自己的技能、经验和思想，为的是确保工作职位、开发新的产品，重新塑造经济，以满足人们的需要。这种驱动力是什么？是人，不是利润，人是最重要的。

这场运动采取了各种不同的形式,有工人合作运动,它们发生在梅里登、科比和《苏格兰每日新闻》,还有著名的上克莱德造船厂的怠工运动。但最引人注目的故事是卢卡斯航空航天联合管事委员会的提案,当时面临工厂关闭,这个故事也许最能反映当时的时代精神。该公司是世界上最大的航空航天组件供应商,它雇用了大约18000名技艺熟练的员工,包括装配工、工程师、科学家和实验室的技师。有一个重组计划将4000名技术员工置于被裁减的风险中。这时,工会提出了一个激进的、具有远见的计划来重塑工作职位、技能和生产。

卢卡斯航空航天联合管事委员会根据职工们的技术知识,精心制作了一个蓝图,从军工产品向有益社会和环境的产品转型。他们开发、建立和公开展示了一系列的替代产品,包括公路铁路两用大客车、城市概念汽车以及为发展中国家生产的医疗设备。讨论中的关键问题是,这些产品是怎样生产出来的,传统的泰勒方法偏离了有利于以人为中心的系统,而以人为中心的系统发扬并且培养职工们的创造性,而不是迫使他们附属于机器或系统。这种情况无异于一场革命,是由职工们并且为了职工们完成的技术变革。即使是《金融时报》也为此留下了深刻的印象。然而,卢卡斯航空航天联合管事委员会对此仍然怀有敌意。

20世纪70年代的这段工业史经常被贬低为懒惰的陈词滥调,其中有愚蠢的斗争和工会的因循守旧,但是,麦克在其中起到不可或缺作用的职工控制权的运动所体现的是完全不同的情况。我现在仍然保留着汽车制造业的职工计划,制订这个计划的是卢卡斯航空航天联合管事委员会和持赞同态度的学界,时间是在20世纪70年代。在该计划的第87页,有一个为电动汽车的发展而投资的实例,这个实例在环境和产业方面是令人信服的。管理人员充分意识到气候变化的挑战,意识到英国汽车工业中的难题,概念车在日本已经开发出来了。不幸的是,管理部门和政府排斥这个计划。一直到30年之后,宝马微型电动车才在考利建立了生产线。

想象一下,如果当时管理部门听从职工们及其工会的意见,情况会有多么的不同。这就是为什么英国工会联合会一直在为职工参加公司董事会而努力,这是该工会的一个长期期望,这种期望在欧洲大陆也非常普遍。

为了职工们在薪资委员会有一席之地，我们也在努力游说，委员会设置顶级薪酬，这是发给所有人员公平份额的第一步。技术和工业的变化速度快得让人不知所措，因此我们迫切需要普通职工把他们的创造力、真诚和常识带入董事会的会议室。这本身并不是目的，仅仅是经济民主化旅程的开始。

"卢卡斯计划"对今天的工会活动分子们仍然具有感召力。它的一些关键原则是，职工们必须有更强的声音，对技术变革的管理有更大的发言权，把精力集中在对社会有益的经济活动，这些原则比以往任何时候都更切中实际。英国工会联合会的"绿色工作场所"项目是要让雇主大幅削减办公室和工厂的碳排放，这个项目沿袭了卢卡斯的传统。还有一个当代的例证是，最近在通信行业工会和皇家邮政之间有一项协议，被称为"增长、稳定和长期成功的议程"。随着电子通信不可阻挡的发展，这个开创性的倡议使得职工和工会代表在邮政服务现代化的决策中有了发言权。最后，工会站在大众要求铁路再次国有化的最前列，并且有一些具体的计划来推进实际专业知识的应用，这些知识来自站台工作人员、信号员、火车司机和运输经济学专家。

在经济领域的每一个部门，揭穿"企业家是财富的唯一创造者"这个谎言的时机已到。作为一个开端，我们需要采取一些实际的步骤来改革企业管理系统，这种改革的前提是，那些通常持股仅几个月的股东，其中大多数人目前都是在海外持股，他们是公司长远利益的最好管理者。然而，几代的工会活动家凭直觉就知道，没有人能比那些其整个生计都依赖公司的职工更依赖公司的持续成功了。

但是，从最广的意义说，工业民主制不仅仅涉及谁在董事会说了算的问题。本书强有力地说明，工业民主制涉及给予职工的集体自信心，以应对新技术、全球化和金融资本日益增长的力量。在为变化开发出实际的计划时，工会也有责任确保我们能建立起维权的能力，利用我们的成员，也就是普通劳动人民的创造性。我们的信誉必须取自深层次的专门技能，取自我们职工内部，也取自我们的同盟者。不论是科学和创新，还是工作组织的新体制，工会成员有了前所未有的经历，他们也经历了技术塑造我们工作状态的过程，并且认识到，技术必须付诸良好的应用。

有一个观点或许是麦克首先提出的，即工会运动不应该落入这样一个思想的陷阱：职工总是被动地承受技术变革，而不是主动从事技术变革。我们在工会运动内部有巨大的知识和技能储备。毕竟，是设计者、工程师和装配工人建造了波音747，是学者和研究人员培育了互联网的潜在能力，是科学家和医生首先开创了心脏移植手术和其他一些医学的先进技术。当然，英国的火箭科学家本身往往就是工会会员。还有一个情况更加司空见惯，但其重要性并没有因此而降低：正是制造业的技术工人，他们在英国的世界领先的汽车制造厂，每小时生产100辆以上的汽车；在信息技术领域，是程序员设计和运行了系统，而这些系统塑造着各个组织的工作方式；在英国国民健康保险制度中，是保健人员在管理着药品，在操作心脏移植机器；是工程师保持着我们的运输和能源基础设施的运转。在今后的若干年，利用这些专家团队的知识是最重要的。

那些公共和私人部门的普通职工经历着史无前例的瞬息万变，在这种情况下，麦克的这本书仍然是工会积极分子们必读的。他的哲学是让技术为我们服务，而不是相反。今天的工会会员们需要用创造性的方式来思考包括社会网络、社会媒体和数字化运动在内的新技术，思考这些新技术怎样才能产生一些新形式，包括工作场所、社团组织的新形式，怎样才能使这些新形式开始适应跨越国界的经济活动。这就向我们自己的组织形式提出了挑战，包括工会怎样在代议民主制和人们通过网络参与到其中的欲望之间做出调和。在这方面，我们已经看到了进步，但我的直觉是，当情况涉及互联网时，我们仍然是在蹚水，而不是冲浪。

技术的力量越来越强大，这种情况将贯穿我们终生：尽管有各种论调不断产生，但变化则仍然持续。从互动式的触控屏幕到系统的自动化，从智能机器到3D打印，新技术不断地改变着我们周围的世界。人们需要利益、成就感和能够得到公平薪资的工作，这些需要一如既往地压倒一切。我相信，通过集体行动，通过加强职工们的声音，我们能够让情况有所不同。那位美国作家和播音员斯特兹·特克尔曾经如此预见性地写道：

　　工作就是一种每日的追求，既追求意义，也追求面包；既追求承认，也追求金钱；还追求惊讶，但不追求平庸。简言之，就是追求某种生活，而不是周一到周五都死气沉沉的。

英国工会联合会秘书长

弗朗西斯·奥格拉迪

第一章
难题的认定

《建筑师还是蜜蜂？》当时并不是真正当作一本书来撰写的。它更像是一幅拼图，由若干因素拼成，包括轮廓和观点、经验和分析。它产生于实践，其内容贯穿了机器制造业、工会、学界和政治活动。显然，那种带有恰如其分的参考文献且论证严密的会议论文是一回事，在特拉法加广场的一个纪念柱的柱基旁作的讲演则完全是另一回事。但二者对形成本书的思想都有重要作用，因此它们都包含在本书中。这就不可避免地意味着本书的内容有些参差不齐，但它是基于实际经验的，还有什么东西比真实的世界更参差不齐呢？

尽管有这种参差不齐的情况，但我还是相信，本书贯穿着几条前后一致的脉络。首先，本书主张我们必须总是把人置于机器之前，尽管机器可以既复杂又精美；第二，本书认为人类的能力以及足智多谋是不可思议的，是令人欣喜的。同时我希望，关于我们的工作方式，关于在工作时人与人之间的关系以及我们同自然界的关系，我希望本书能给出一些真知灼见。

明确彻底地认清难题并且在口头上说清楚还是不够的。我们还肩负着重大的责任，争取在这些方面有所作为。我谋求的是建设性的意见。

《建筑师还是蜜蜂？》一开始是批判 20 世纪 60 年代出现的各种技术，接下去就是说明这些批判所关切的内容在 1976 年的"卢卡斯职工计划"中有所表达。这种情况又奠定了进一步发展的基础，这些发展包括在伦敦大区企业董事会的技术工作、从 1983 年到 1986 年伦敦大区市议会的大众计划，还有以人为中心的技术，如欧洲经济共同体（欧盟的前身——译者）的欧洲信息技术战略研究计划，这个计划始于 1986 年 5 月。同时，我也要思考，在描述这些计划的同时，本书重点突出了某些与我们这个顶部沉重的政治结构相关的难题，这种沉重的顶部完全没有能力应对来自下层的创造力。

首先，要面对的问题是我们过分而自负地信仰科学和技术的变革。科学是一片肤浅和干旱的土壤，上面移植了我们人类敏感和宝贵的根。在这个语境中使用信仰这个词肯定是正确的。科学和技术现在处于社会的前沿，就像中世纪的宗教一样。此外，科学技术的狂热的信仰者们在很大程度上表现出殖民时代传教士的狂热。那些不理解或者更具体地说是不接受科学技术权威性的人，他们几乎被视为丧失了灵魂，他们必须从可怕的无知中被拯救出来。如果不能被拯救，就会被牺牲，原因是他们没有就业的可能性。

国家如果表现出不愿意接受由大型跨国公司发展的各种技术，则被认为是显示出某种"严重的无知"，也被视为拒绝进入先进的技术提供给他们的人间天堂。

没有处在科学技术中心位置的各种文化被认为是异端邪说，为了防止它们瓦解人们对真理的信仰，因此必须把它们驱除。由于新技术官僚的宗教把自身定义为"善"，因此就得出这样的结论，我们必须全盘接受它。如果我们不愿意接受，就要强加给我们，理由是为了我们自身的利益。

第三世界国家不想要或者支付不起这些技术，它们就被认为是"欠发达国家"。这不仅是因为物质原因，更是因为在文化和意识形态的意义上，它们对跨国公司的价值缺乏理解和接纳，对于被称之为"先进"国家中发展出的技术也是如此。

接下来要给出的不是针对这些技术形式的攻击性长篇大论，而是一个建议。建议我们应该认真地观察那些适合我们文化、历史和社会要求的科学和技术形式，并且把它们发展成为更为适当的技术形式，以满足我们长期的需要。

技术的变革

9

现在仍然有很多人相信，自动化、计算机化和机器人的使用将把人类从摧毁灵魂的、乏味又繁重的任务中解放出来，让人类获得自由，以从事更具创造性的工作。进一步的建议是，这种情况将自动地使得一周的工作时间缩短，使得假期和休闲时间延长，其结果是"生活质量的改善"。通常还要补充的是，作为一种额外的职业奖赏，我们可以从计算机里得到的大量数据将使得我们的决策更具创造性、科学性和逻辑性，其结果是我们将拥有一个更加理性的社会。[①]

我想对这些设想提出质疑，并且争取说明，在脑力劳动的领域，我们正在开始重复一些我们已经在技能性体力劳动中犯过的错误，那是在较早的历史阶段，它产生于高资本设备的使用。我刻意强调体力和脑力劳动之间的相似性是因为我对二者之间的分割感到厌恶，因此我将展现二者之间的相似性。然后，我将在总体上批判地考察技术的变革，旨在提供一个框架来质疑当今使用计算机的方式。

我认为，把计算机视为一种孤立的现象是错误的。我们有必要把计算机视为一个技术发展连续过程的组成部分。在大约 400 年前，人们就看到了这个过程。由于我们把计算机视为一种生产资料，因此应该在推动计算机兴起的社会中，在设定的政治、意识形态和文化的语境中考察这种现象。

在我看来，有了我们对科学和技术的质疑，有了我们利用科学技术来解决的那些"难题"，我们对自己在周围看到的那种系统给予定论就丝毫不奇怪了。我认为，我们一直在问一些错误的问题，因此我们得出的答案也是错误的。而对于广大公众来说，参与到这个过程中是极其困难的，因为这门新的宗教尽管没有用拉丁文来迷惑大众，但却用数学和科学的术语把他们阻挡在外。

10　　　他们受到诱导而相信，某种伟大和深刻的事物在起作用，他们不能理解这种事物是他们自己的错。只要他们有计算机科学或理论物理学的博士学位，他们就能领会这门新神学。科学的语言中包含着符号、数学以及明显的合理性，这些东西不断威胁着普通民众的常识。有人认为，情况不应该是这样，能够而且应该是另一种样子，但他们被压制而噤若寒蝉。

　　然而，那些拥有适当资格的人，他们的情况也越来越不确定，越来越迷惑和丧失判断力。物理学家之间讨论的问题是，他们现有的"具有客观性"的技术是有局限性的，计算机科学家们关心的问题是人工智能的意义。这些情况全都显示出，科学技术这座坚固的堡垒开始出现了巨大的裂痕。

　　但首当其冲的是，在体力和脑力劳动者中间，都存在着强烈的不满情绪。因为这些系统的联合作用是汲取他们的知识，却拒绝他们使用自己的技能和判断的权力，使其不幸地沦为附属品，附属于人们开发出的机器和系统。那些不直接参与使用设备的人们仅仅是困惑的旁观者。我发现人们深深地关注的是个人的挫折感，因为不论是技术工人、设计者，是母亲还是父亲，或是教师和护士，他们的常识和知识、他们的实际经验越来越边缘化，几乎都成为"进步"的障碍。②

　　我们还有的希望是，我们能够考察这种"进步"的本质，争取找到由真正的进步构成的替代方案，并且让普通大众的大量参与到进步的定义和构成。

常识与意会知识

　　纵观本书，我将频繁地涉及"常识"这个概念。从某种意义上说，这是严重的用词不当。实际上，它可以被认为并非具有"常识性"。它所指的
11　是一种感觉，即感觉要做什么和怎样去做，这种感觉仅为某些工匠共有，他们都曾经当过学徒，并且在某个领域中有实际经验。

　　工匠的常识是一种至关重要的知识形式，是在"干中学"的复杂情况下习得的。我们通常认为，"干中学"就是体力劳动者通过学徒学习，或许

还包括法律或医学的实践。

我也将频繁地涉及意会知识，这种知识的习得也是通过干，或者是通过"做具体事"。

我们能接受什么样的计算机化系统？这个问题极其重要。

有人说，我们现在正在进入信息社会，或者说，我们实际上已经在其中了。人们之所以这么认为，是因为都说我们被"信息系统"包围了。我们接触到的这种系统，其大多数最好都称之为数据系统。的确，经过适当组织和运行的数据可以成为信息。被人们吸纳、理解和应用的信息就可以成为知识了。在某一领域被频繁使用的知识就可以成为智慧，而智慧就是积极行动的基础。

所有这些都可以被概念化为信噪比的形式，如图 1 所示。社会中有大量噪声，而信号则通常是模糊的。

另一个观察的方式可以是客观性与主观性之比。

可以说，在数据端，我们有计算；在智慧端，我们有判断。在整体上，我要质疑的是，我们希望以数据／信息部分为我们设计哲学的基础，而不

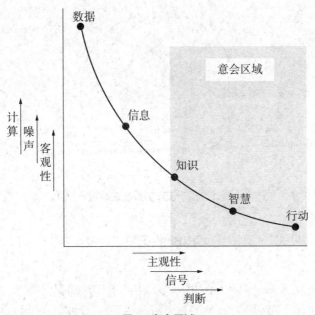

图1 意会区域

是以知识／智能为其基础。正是在控制回路的知识／智能部分，我们遇到了这种我将频繁涉及的意会知识。

图 2 所示的是主观性和客观性之间的互动。在我们考虑专家系统的设计时，这种互动尤为重要。在这种情况下，我认为有技能的工匠就是专家，就像我们认为医疗从业人员和律师是专家一样。

如果我们认为知识的整体区域必须成为一个专家，如 A 所示的那样，我们将发现，其中有一个知识的核心（B）。我们可以认为它是事实的领域，即有待于在文本中被发现的翔实的信息形式。

被 B 覆盖的区域能够轻易地被还原为一个基于规则的系统。圆环区域 AB 可以认为是代表具有探索性的、模糊推理的、意会的知识和想象。我认为，设计良好的系统承认意会知识的重要性，并且能加强和提高意会知识。我拒绝的观念是，一个专家系统的终极目标概念也应该是如此，从而使 B 扩展，以囊括 A。正是这种主观性与客观性之间的互动才是重要的，而且正是这种以主观性为代价的对所谓的客观性的集中，才是现存系统设计中所表现出的关注之基础。

13

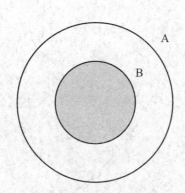

图 2　基于规则的系统之局限

技能的习得

在下面描述的过程和系统中，我关注的不仅是知识的生产，我还关注知识的再生产。我频繁地涉及在"干中学"，因为其结果是人们习得了"直觉"和"专门技能",在这里使用的这两个概念的意义与德雷福斯使用它们的意义是相同的。这并不相左于波兰尼的意会知识的概念。它描述的是一个动态的情况,其中人们通过技能的习得,就能够整合分析和直觉。德雷福斯和德雷福斯(互联网显示他们是兄弟二人,但原文无"兄弟"二字——译者)[③]对技能习得的五个阶段做了区分:①纯粹的初学者;②熟练的初学者;③胜任者;④精通者;⑤专家。

　　我觉得学习发展的过程是绝对重要的,当人们达到了控制论转型的知识／智慧端(图1)时,当人们已经成为德雷福斯意指的"专家"时,他们就能够认识全部情况,而不必把情况分解成为若干狭窄的特征。因此,我没有把意会知识、知觉和专门知识与分析的思维对立起来,相反,我认为总体的工作情境给出的是分析思维和知觉之间的正确平衡。

　　从广义上说,德雷福斯认为技能的习得有如下几种情况。

　　第一阶段是纯粹的初学者。在此阶段,情境中的各种相关因素都受到限定。这样,在不参照这些因素发生在其中的总体情境的情况下,使得初学者能够认知这些因素。也就是说,初学者遵循的是"情境无涉的规则"。

　　初学者缺乏对总体任务前后连贯的感觉,他们判断自己的表现主要凭借他们遵循规则的优劣。初学者按照这些规则,以纯粹分析的方法解决难题,他们对情境中的活动和总体任务的结果的任何理解都不是来自亲身体验。

　　第二阶段是熟练的初学者。通过在具体情境中获得的实际经验,个体的人逐渐学会认知具有"情境"性质的各种因素。这种因素不能根据在客观上可以认知的情境无涉的特性来规定。熟练的初学者是通过感知与先前例证的相似性来认知具有"情境"性质的各种因素的。对情境中各种因素的认知能力的增长,把熟练的初学者与纯粹的初学者区别来了。

　　第三阶段是胜任者。有了更多的经验后,熟练的初学者就可以达到胜任的程度。对胜任者的要求是,能够选择一种构思良好的计划或者见解。胜任者的理解和决策方法比起纯粹的初学者和熟练的初学者都要复杂,但仍然是分析的,并非来自亲身体验。

14

胜任者选择的计划对行为的影响大大地强于熟练的初学者对具体情境因素的认知,而且胜任者对于可能出现的结果有更强的责任感和参与感。纯粹的初学者和熟练的初学者可以认为不成功的结果出自于不适当的规定或因素,而胜任者则认为出自于对视角的错误选择。

第四阶段是精通者。随着经验的进一步增加,胜任者就到达了的精通阶段。在此阶段,他们已经习得了一种直觉能力,来使用各种模式,而不必把它们拆分成各种零散的特征来认识。德雷福斯称其为"整体相似性认知""直觉"或者"专门知识"。他把这些词当作同义词来使用,而且把它们定义为"由于有先前的可参照的相似经验因此而做出的毫不费力的理解……直觉产生于对情境的深入参与和对相似性的认知"。

尽管精通者们是用直觉组织和理解一项任务,但它们仍然用分析的思维方式来考虑怎样完成该任务。胜任者和精通者之间的差别就在于,精通者以直觉的方式理解问题,这种方式基于丰富的经验,而胜任者仍然必须依靠无亲身体验的分析方式理解难题。

第五阶段是专家。有了足够的经验,精通者就可以达到专家的水平。在这个层面上,不仅是情境,还有连带的决策都是以直觉的方式理解的。专家仍然使用直觉的技能就能够应对不确定性的和不可预见的或者是成败攸关的情境。

德雷福斯兄弟二人的基本点是要断言,在做出理解和决策时,分析的思维和直觉并不是两种相互矛盾的方法。相反,它们被认为是在互补中一起发挥作用,但随着有技能的执行者的经验不断地增长,他们的方法也越来越趋向于直觉。经验丰富的人们似乎能够以整体的方式理解各种情况,而不必把它们拆分成各种分离的因素或特征。

对于盛行的系统设计方法和哲学,我持批判态度;而在第四章中,我对"训练"也做了严苛的批评,因为它们都否认我们有"深入的情境参与"。在技能习得的谱系中,我们的发展往往都被局限在纯粹的初学者一端。

下面,我要描述这些经验、系统和机器,把被颠倒的过程再颠倒过来,并且提供另一种发展的情境,以促进获得那些在技能习得的谱系中,处于专家端的那些属性。

许多设计者害怕讨论这些关注，原因是他们可能因此而被指责为"不科学"。然而，在我的这条论证思路中，并没有显示出人们应该放弃"科学方法"。相反，我们应该理解，科学方法仅仅是对经验的补充，而不应该推翻经验。这些经验也包括"自我的经验，它是现存宇宙中客观实在的组成部分，每个人的经验在其中都是具体的和独特的"。[4] 这种观点有助于我们避免科学主义的危险，就像我曾经指出的那样，科学主义只不过是欧美的一种疾病。[5]

碎片化

我采纳黑格尔的观点，真理具有总体性。因此，在我考虑目前使用的某些设备之后，我将把其影响与劳动过程联系起来，争取对所发生的情况给出一个总体的观点。我所描述的设备和劳动过程在其领域中，并不一定是最先进的或者说不一定是最新的。我选择它们是因为在设计发生变革时，它们具有典型性。[6] 我描述的出现在设计中的难题可以认为是具有普遍性的难题，这些难题适合于保险业、银行业、新闻印刷业或者其他领域中的计算机。

设 备

我考虑的第一个系统是一种早期的先驱机型。20 世纪 80 年代，在先进的计算机辅助设计和完整的计算机集成制造领域，它达到了顶峰。它很方便地用来说明用计算机化的设备拆分、最终取代绘图员的各种功能。在英国和欧洲大部分地区，到 20 世纪 40 年代，绘图员是设计工作的核心。绘图员能够设计出零部件，把它的形状画出来，标明它的受力情况、用于制造它的原材料和它需要的润滑。如今，这些过程都被拆分成各种孤立的功能。设计者做设计，绘图员做绘图，冶金专业人员标明材料，受力分析人员分析其零部件的结构，摩擦学家标明润滑系统。这些经过拆分的各个部分可以由设备接替，如自动绘图设备（图 3）。

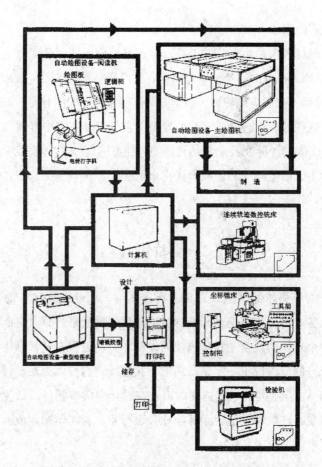

图3 用于工程数据处理的自动绘图设备

有了这种设备,绘图员就不必再绘图了。因此,随着这种有用的东西被设计出来,并且与在车间工作的、有技能的工人直接联系起来,说明和修改的巧妙互动就被割裂了。现在,绘图员所做的就是使用数字转换器通过标线板或电传打字机输入材料。精确的读数是数据,包括线段的长度、公差和其他具体数据。

设计只是以一组指令的形式出现,这些指令在计算机里经过扩展之后,就用来控制机床,包括坐标镗床、车床和连续轨迹数控铣床。相同的指令也可以用于控制具有检验功能的设备。也许你偶然想要一张图来表明客户到底要购买什么,这也许是你费心要做此事的唯一原因,那你可以非常精确地用主绘图机做出一张图，你可以用微型绘图机得到一张不太精确的图，它还能做出一个穿孔卡片。

在这一切中，重要的不仅是把设计者的功能碎片化，然后输入到计算机里。还有，那些在车间里的高技能的工作以及使工人有成就感的工作被摧毁了。这不再是供求的问题，不再是萧条与繁荣的问题。这些工作职位在技术上消亡了。

第二个被考虑的是一个设计系统，被称为人控计算机绘图系统。过去的技能熟练的工人，他们凭借在工作中获得的对零部件尺寸和形状的分析能力，就拥有对数学的意会理解。⑦

后来，这门知识越来越多地从这种劳动过程中被抽取出来，并且被提炼为数学中的函数。该函数以示意图的形式在图 4 中展示。这是一个正弦函数，可以表示一个轴的震动情况。

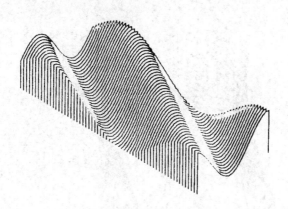

图 4　计算机生成的求解空间曲面，其相应的数学表达式为：
$$\text{SIN}\ (8 \times (X{-}1)/X_L + 1/4\ (Y{-}I) + 1.0$$

人控计算机绘图在该领域中主要用于结构分析。结构分析所需要的方程是自动生成的，问题也是按照分析输出的要求自动解决的。位移、负荷、剪切力和力矩经过计算后，很方便地显示出来以供读取。改变输入条件很容易，而且相应的输出也可以根据要求显示出来。光笔可以用来定位约束力。图 5 是某结构在载荷中发生错位的夸张图。

这个设备表现出一个去技能化的过程，因为它使得设计者和力学分析所需的能力和经验比先前所要求的降低了。

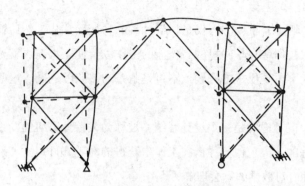

图 5 负荷下发生错位的夸张图

20 　　分析塔台的风力负荷是一个很复杂的问题。应力对结构产生的扭曲可在计算机程序包里获得，并展示在屏幕上（图 6）。

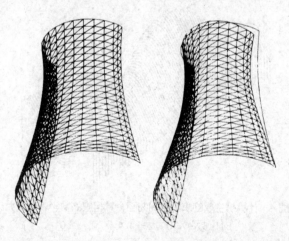

图 6 左为冷却塔剖面图有限因素的理想化，右表示在风的压力下被夸大的变形

　　这种情况的全部意义就在于，先前在受力分析者头脑中的知识本来是

21 可以每晚都把它们带回家的，而且也是他们讨价还价的本钱，但现在已经从他们的头脑中抽取出来了。凭借计算机的干预，这门知识现在已经被物化从而进入了机器。现在已经是雇主的财产了。因此，雇主现在占有的剩余价值不仅仅来自产品，而且还来自职工。所以我们可以说，职工们给了

机器生命，他们给予机器的越多，留给自己的就越少。

其他例证

计算机还有一种可能性，就是分析整个的变量群，使用这些变量并且求解。搞建筑的读者们能够理解这种情况。规划部门一直在使用这种功能。他们经常需要一幅某个岛屿上的别墅群的布局图。每个别墅的各个变量都是相同的，包括等量的日照、等量的花园面积和等量的海景以及其他许多变量。计算机处理这个问题的方法是，首先生成一幅布局图，然后反复地安排和修改，使得布局图适应那里的地形，最后结束于布局图的定稿，并十分吻合地贴附在该岛屿的地图上。它所产生的建筑分布是非常密集的，我认为这是在该岛上做了一件怪诞的事情。这也是非常早期的工作。如今，有了更为周密的软件包。

在医学领域里，计算机辅助设计有若干种用途。我认为，这些用途是积极的，尽管它们也会带来一系列的难题。对此我将在后面详述这些难题。

第一个例证是视频显示装置用于设计保护耳朵的设备。视频显示装置能显示出耳朵内部的声波形式，所以你的保护设备可以一直修改到某些特定的声波被显示出消失的时候。在理论上，你可以把耳朵保护设备设计成让人的讲话声音穿透，同时消灭其他杂音。你可以在事实上做到选择你想听的声音。

第二个例证是视频显示装置在假肢设计中的使用。图形处理系统可以探测膝盖关节区域的情况，专门为个人进行量身设计。整个假肢的结构在屏幕上活生生地显示出来。在假肢实际制作之前，使用假肢的人可以参与讨论。因此，可以为病人专门设计，不会出现假肢不适用的情况，不会迫使病人在与垂直方向有 10 度夹角上跛行，也就不会有维多利亚时代的慈善所产生的不适用假肢的恶劣情况。

第三个例证是使用计算机设计人工心脏瓣膜。这些技术的开发本来是为了显示飞机中液体循环状况的，现在也用来显示文氏效应和其他一些特性以及血液通过心脏瓣膜的情况。这种工作的方式是互动的，这样就有可能修改人工瓣膜的口径以及其他一些物理尺寸，并且把随之产生的流动状况显示在屏幕上,从而使得心脏瓣膜的设计最佳地满足病人的具体要求。

当人们考虑计算机化设备的各种用途时,他们得到的直接印象是,这种设备肯定会自动地加强使用其设计者的创造性。但是,其中也有大量的难题需要解决。在解决这些难题的过程中,人与人之间进行的复杂交流被计算机疏远了,也被人与计算机的互动疏远了,其结果是严重的,影响是深远的。让我们看一看建筑设计师的工作。过去,建筑师做设计时,要到工地现场查看进度,届时要与现场的工程师讨论,也许还可以修改设计。现在,视频显示装置使得到现场查看没有必要了,设计者和工程师可以通过计算机对话。设计者的图纸可以通过英国电信公司的电缆传送到工地的屏幕上。但是,设计者亲自置身工地的环节被砍掉后,除了对设计的影响外,系统还会把人与机器越来越牢固地捆绑在一起,并且取消了设计师离开绘图室前往工地现场的环节。这个环节曾是必须的,但现在它不再是必要的。

实际情况的模型

23

在绘图员或设计师的技能中,有一种技能是根据图纸想象出产品的实际模样,这是一种概念化的过程。这个过程现在也被计算机淘汰了。因为计算机系统可以跟踪常规图纸的轮廓线,包括俯视图和侧视图,然后做出一个精确的三维的立体图像展示在屏幕上。计算机接到指令时,还能旋转该图形,使你能够从任意角度观察。这种情况可以在建筑领域中推广。例如,视觉展示就像人们所描述的那样,能够给出一个市政大楼的建筑方案,当地的人们可以观察它,并且决定是否认可其设计和位置。过去只有俯视的平面图,那是为了让市政厅检验。但对大多数人来说,很少能看懂,因为它只为精英群体所理解。

这种使用计算机的方法是合理的,我们能够以此让社会大众参与到他们希望参与的对建筑的决策中。[8]

从理论上说,这种做法可以使决策民主化。然而,我想论证的是另外一种情况：计算机事实上加强了少数人对多数人的权力。在设计的全过程中，这是一种切实存在的危险。如果你从视频显示装置得到了一座建筑的某个视角，这个视角处于一个远去的汇聚点上，它会让你感到该建筑看起来高挑而又有魅力，并消失在地平线上。如果你把视角与建筑的距离拉近，你就使该建筑看上去像一座高楼大厦。因此，公众舆论很容易被视角操纵，我认为某些建筑师没有超出这种做法。

在一个较高的层次，你可以得到的似乎全都是回顾性逻辑的力量。任何人，只要他当过设计师，就知道最佳的理念是事后才获得的，也就是在你看到自己完成的设计中出现了错误之时。现在，旨在向设计者提供回顾性逻辑的系统已经被用于建筑领域，采用的是视觉模拟技术，这种技术应用于训练宇航员操作航天器的对接过程。其基本原理是，在彩色视觉显示装置上，图像每秒显示 30 次，纵深的标准提示是作为重叠的若干表面给出的，给出的物体的外观尺寸与观察者的距离成反比。这种视觉数据肯定是以典型的西方文化方式展示的。

在计算机辅助的建筑设计中，每栋建筑和物体在其自身的三维坐标系中被规定。因此，它们可以被表示为一个坐标系数据的等级结构。这就意味着，全部现有的建筑都能作为数据被输入到系统中，有待设计的新建筑也是在现存建筑安排的语境中表示的。视频显示装置可以给使用者以幻象，让他们感到朝着尚不存在的建筑走去。人们可以体验到的感觉还有，进入了这栋虚拟的建筑后朝外看，看到的是已经存在的建筑。人们可以把窗户摘下来四处移动，可以扩大整个建筑，并可以把它置于原计划的场地之外。这样做的目的是在施工前，把新建筑置于整个环境中获得它的总体效果。但人们有理由相信，以这种形式展示的图像与实际情况还是极不相同的。当该建筑被矗立起来时，你会感到有一种贫民窟或监狱的气氛，但这种气氛在屏幕上并不明显。

在上述那些情况中，人的创造性被摧毁了。因此，我们大家都必须关注的问题是，以后人们拿什么新技能输入需要升级的计算机系统中呢？我们对实体的物质世界的感觉将要丧失，原因是计算机设备的干预，工作将从物质世界中抽象出来。在我看来，在未来的若干年，我们面临的深层次

24

难题就是源于这种情况。如果人类越来越多地凭借现实世界的模型来工作，而不是现实世界本身，如果人类因此而被隔绝于宝贵的、在现实世界中的学习过程，被隔绝于意会知识的积累，那么各种难题就很突出，而且就会被持多种政治立场的写作者所讨论。

第二章
工作本质的变化

变化率

　　尽管计算机设备确实有能力做好工作，但由于自身的原因，它也带来了各种各样的难题。在较早的历史阶段，高资本设备曾经把相同的难题带给了体力劳动。首先，计算机设备和历史上的其他设备一样，有一个废弃率不断增长的问题。轮子运输以一种原始的方式存在了数千年了，而瓦特的蒸汽机才工作了 100 多年。高资本设备在 20 世纪 30 年代的淘汰周期为 25 年，而最新式的设备的淘汰周期则为 3 年或者 4 年。因此，经济学家们会说，这种情况体现了固定资本的寿命越来越短。

　　此外，当人们历史地观察问题时，这种情况将被认为是生产资料的总成本在不断增长，但这并没有把硬件成本的降低计算在内。随着计算机系统的不断微型化，硬件成本也在急剧下降，尽管如此，总成本仍然在增长，包括使用硬件控制的工厂和各种工序的成本也在不断上涨。100 多年前最先进的车床，其成本相当于 10 个工人的年工资。今天最先进的车床其成本大约相当于 50 个工人的年工资，因为它由计算机控制，还必须具有制备软件和机床运作所必需的环境。当人们谈论微处理器时，这种情况经常被忘记。因为让你得到的印象仅仅是，你能够依靠芯片就飞越大西洋，你仅仅使用微处理器就能挖掘建筑的地基、加工化学制剂甚至食品。

任何一种现代设备所具有的一种可识别的特点就是，其变化速率现在正在用难以置信的速率驱赶着我们。仅就上个世纪而言，通信速度增长了 10^7，旅行的速度增长了 10^2，数据处理的速度增长了 10^6。在相同的时期内，能源增长了 10^3，武器的威力增长了 10^6。我们正在被驱赶到一个巨大的技术地狱中去，这就意味着我们的知识和我们在涉及自己时，对世界进行判断的基础被废弃的速率都在不断地增长，就像设备的情况一样。现在，这种情况存在于许多领域。因此，你必须用自己时间中的 15% 来更新自己的知识，而这对于年龄较大的职工来说，困难是太大了。

有一个数学模型证明了这种情况：

设 S 为工程师拥有的全部理论知识储备。

F 为每年要废弃的那部分知识。

R 为工程师获取新的理论知识的时间。

L 为工程师的学习速率。

那么则有 LR = FS。

假设 S 是一个常数，而且等于工程师大学毕业时的知识储备，并且他的平均学习速率始终与 3 年大学课程时的学习速率相同。假设他的知识中，有 5% 的淘汰率，则有如下方程：

$R\dfrac{S}{3} = 0.05S$，其中 R=0.15 或 15% 的工作时间。

可以预期的是，要研究的学刊数目也在增长。这种情况被希拉里和斯蒂芬·罗斯表示在 "科学与社会" 中（图 7）。

在某些领域，知识的废弃率还大大高于上述情况，尤其是在一些特定的计算机应用领域。诺曼·麦克雷是《经济学人》的副主编，早在 1972 年他就说过[①]："在过去的十年里，技术进步的速度如此之高，以至于许多接受计算机训练的人，他们的知识使用寿命大约是三年。"他进一步估算，"一个人在 30 岁左右成功地获得了一个相当繁忙的职业，繁忙得不能享受

用于学习的学术假期。到了 60 岁，他的科学知识、包括商业科学知识仅剩
下 1/8 能用于他的职业了"。

27

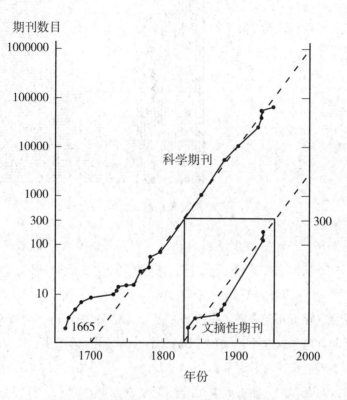

图 7 创办的科学期刊和文摘性期刊的总数是年代的函数

　　据说，如果你能把过时的知识分解为四分位数，那么所有在 40 岁以上
的人，其四分位数与毕达哥拉斯和阿基米德是一样的。仅仅这一点就表明，
变化的速率是惊人的，它给设计人员、尤其是年长的设计人员的压力是不
应低估的。正在发生的情况是资本的有机构成正在改变。加工业即将成为
资本密集型产业，而不是劳动密集型产业。技术变革的结果是，我们已经
朝着一种社会形式在运动了（图 8）。

28

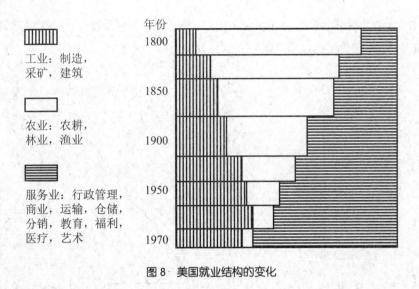

图 8 美国就业结构的变化

该图显示，早在 19 世纪 80 年代，大约 86% 的美国人口进入了农业生产。后来，又经历了机械化、农药化肥的使用，然后是自动化。现在，只有 6% 的人口从事农业，但产量却比 1800 年高得多。拖拉机可以在农田里自由行驶，因此不需要人（应该指出的是，如果把拖拉机、收割机和化肥农药计算在内，以这种方式生产出的食品，其热量实际上小于投入的热量。这是社会需要长期考虑的问题）。

在相同的时期，制造业也在增长。到 20 世纪 50 年代，特别是到了 60 年代，制造业的机械化和自动化的程度越来越高。制造业就业比例现在降至 30%，而且下降迅速，与此同时，管理信息和科学含量也一直在增长（图 9）。

制造业正在经受大规模的计算机化和自动化，其他行业所经历的人力削减情况也将被制造业所经受。我们因此而面临着居高不下、不断增长的结构性失业。我们越来越处于这样一种境地，其中许多人的工作权力被完全拒绝了。

如果我们观察现有的产业部门，比如电话交换机的制造，我们会看到，生产一台机电式斯特罗格交换机，需要 26 名工人；生产一台第一代电子交换机需要 10 名工人；到了 1990 年，生产一台完全电子化的服务器，就只

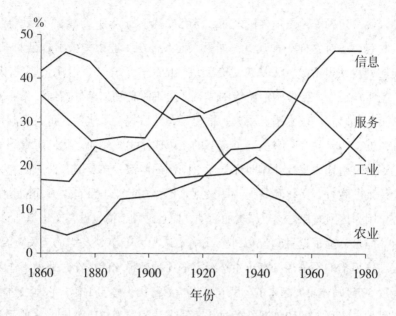

图9 1860—1980年美国劳动力结构百分比的变化

需要1名工人了（图10）。

生产率的增长使工人人数从26人降至1人，但生产率的增长与产量的增长不匹配。我们不能做到匹配是因为能源和材料的限制。

大量的工人没有工作，这个事实似乎对某些人来说并不是悲剧。当然，30

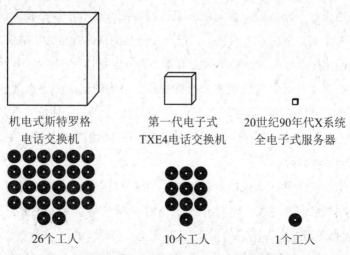

图10 电话交换机的相应体积与制造它们所需要的劳动力

有人说，如果工作是一种良好的、具有成就感的活动，统治阶级就会自己垄断它。还有这样一种观点：如果人们在传统工业中失去了自己的工作，他们就将获得解放，去从事更有创造性的工作。在某个钢铁企业倒闭时，我的听众之一，一位中产阶级的成员在演讲时特别强调且相信，失业的钢铁工人可以找一块木头，雕刻一把提琴，然后找三个伙伴，每人都制作一件乐器，四人联合起来演奏贝多芬的弦乐四重奏！然而，我们所看到的情况不是自由地去享受休闲时光，而是强制的闲散。在英国，让人们充分享受休闲的教育、文化和其他一些设施是不存在的，也没有这方面的经济资源。因为休闲通常是比较昂贵的活动，而且这种事情也没有文化基础。

31　　但是，除了这种情况以外，我确实认为，工作对人类是至关重要的。我在这里指的不是福特汽车生产线上的那种被异化的工作，那种工作是在最近 50 年间才发展起来的。我在这里指具有历史感的工作，它是一种手脑并用的、有意义的和创造性的过程。我还认为，工作应该提供一种活动之间的平衡，即体力和脑力之间的平衡、创造性与非创造性之间的平衡，这是很重要的。

　　正是现代工作中的这种不平衡让人们疯狂地追求休闲活动和一些改善健康的活动，同时也追求一些人为的和不自然的体育锻炼形式。可笑的是，人们上班时驾驶私人汽车进入伦敦，然后在办公桌前坐一整天，连收集文件都拒绝走那一小段路，而是求助于他们的视频显示装置完成这项工作，然后驾车回家，然后骑上自行车，没有任何目的地，就是为了锻炼。更荒谬的是使用运动器械。运动器械上有微处理器，把体重、年龄、性别和诸如先前有否心梗等就医详情输入微处理器，适当的运动程序就规定好了。有人还在自己舒适的起居室里假装做挖掘。这些活动就是休闲、就是娱乐。如果要求他们白天在工作中做一点小小的挖掘，他们就会感到屈辱，因为要求他们做体力劳动了。

　　工作也提供学习和发展的环境，通过这种环境，我们开始自我认同。例如，如果你问某些人，他们是何人，他们绝不会说"我是热爱贝多芬的人""我是詹姆斯·乔伊斯的读者"，甚至也不会说"我是一个业余足球运动员"，他们要说的是"我是钳工""我是护士""我是教师"，等等。

这种情况说明，我们需要发展新型的或者说是具有整体感的工作，它使得人们感到自己既是生产者，也是消费者，它能给出智力活动和体力活动之间的平衡。这些情况依个体的人不同而有很大的不同。此外，工作时间必须更灵活，周工作天数也必须减少，假日增多，休闲的时间更长。在我看来，这些都是应对结构性失业增长的先决条件，在大多数技术先进的国家结构性失业越来越突出了。

曾经有人指出，技术变革造成制造业工作职位的丢失，会使得白领和服务部门得到新的工作职位，但是计算机化却造成了这些工作职位的损失。法国近期有一个报告（诺拉报告）指出，现代计算机技术在今后 10 年的银行中将降低雇员人数的 30%。类似的数字也会出现在保险业。西德的一项调查表明，到 1990 年，目前办公室工作的 40% 将由计算机化的系统完成。西德工会已经根据这种情况计算出：在西德 500 万个文秘和办公室工作职位中，将损失 200 万个，这个损失是令人难以置信的。因此，不仅是制造业中的劳动被取代，而且那些被取代的人和他们的子女还要和其他越来越多的、已经被这些系统取代的白领职工竞争。

需要指出的是，即使是欧洲共同体国家能够保持它们目前的增长率，到 1988 年仍然有 2000 万人失去工作。这里出现的是两个问题。第一，我们低估了有意义的工作对于我们人类是多么重要。

第二，我们应该承认，我们不仅不应该失去这些工作职位，而且我们更是这些工作的保卫者。为后代保卫这些工作，在保卫这些工作职位的过程中，我们还能够确保有些工作比我们现有的工作具有更强的成就感和创造性。一旦社会开始承认它面临的失业问题是结构性的，而不是周期性的，那么就有了某种基础来发动公众舆论、发动政治的和其他的运动来纠正这种局面。

然而，事情还不止于此，那些被技术变革取代的人不是唯一的受到严重伤害的人群。那些仍然留在工作岗位上的人，他们的情况也的确应该分析。

压力在持续！

有一种情况是得到广泛承认的：在工作场所，技术变革使得工作速度达到了发狂的程度。即使是在 20 世纪 70 年代的中期，在英国考文垂的凯33 旋汽车制造厂，在主要生产线上工作的工人只能干 10 年。当时我所从属的一个工程师工会曾被要求同意：30 岁以上的人就不再聘用。因此，工人最后的 10 年就是 30 岁至 40 岁。同样的情况在钢铁业也存在。这些工人所签的协议中包括体检。

现在，在一个公民社会里，体检本是好事。如果有问题，可以发现并纠正，你可以继续工作。但上述那种体检就像是工业领域中交通运输部的检测，能够测量出你的反应速度，就像测量二极管那样，看看你与设备的互动是否足够迅速。如果你没能通过体检，你就要去做二等或三等的工作。对于那些由于反应不够快而被替换的工人，有专门为他们准备的工资表。

那些不在汽车制造业工作的人，他们很难确定情况恶化到什么程度，很难确定工人的工作速度在多大程度上由计算机化的高技术设备所确定。在冲压汽车车身的工段，工人们在 1973 年必须签订一个协议，协议涉及他们被准许休息的条件，其内容如下：

上厕所：1.62 分钟，这是计算机的精确，不是 1.6 分钟，也不是 1.7 分钟，而是 1.62 分钟。

疲劳：准许休息 1.3 分钟。

站立时间过长：准许坐 65 秒。

单调乏味：准许休息 32 秒。

而这个荒诞的故事还在继续。[②] 工程师把厕所安置在距离生产线很近的地方，这是处于策略上的考虑，这样操作者就能迅速地解决问题。那些技术人员有多么傲慢，他们怎么这样对待别人！如果在汽车制造业发生罢34 工，一点都不奇怪。在我看来，他们用罢工来反对这种情况是正确的。这就是一种哲学，它隐含在今天为工业而生产的大多数设备的设计中。

任务取向的时间

我们可以把那些规定的条条框框与剧作家 J.M. 辛格在《阿伦群岛》中的记述相比，该记述提供了生动的例证来说明不同的时间观念及其与工作的自然节奏的关系。按照这种自然的节奏，渔船伴随潮水出海，谷物是春种秋收，当牛的乳房饱满时它不得不产奶，绵羊在产羔时才实施防卫。"然而，很少有人完全习惯于现代的时间，他们的时间观念是模糊的。当我看着自己的手表告诉他们几点时，他们并不满意，还要问我，到黄昏还有多长时间。"

这种认识时间的方式是任务取向的方式，更易于理解和接受，也比用分秒限定的劳动更自然。他们工作的必要性是可以理解的，而且得到普遍的同意。以这种方式组织的活动，工作和生活的界限似乎不太分明，生产者和消费者之间的界限也不太分明。像庆祝丰收这样的社会活动也融合在其中了。社会互动和劳动在工作时是融合在一起的，融合程度根据季节和工作有所扩大或缩小。有一天由于坏天气而失去了时间，那就要在另一天工作到天黑。时间的使用取决于手中的任务，也取决于完成任务所处变化中的境况，不能事前就确定。

这种时间观念主要适合于乡村社会，但也见于手工业者、作家和艺术家，还有那些不完全从属于工业机器的人。关于工业机器的例证，在上文中已经给出，工人的任务受到分秒的限定，而且其精确度已经到了冷酷的地步，这种情况是工业中持续不断的不稳定因素。以这种方式对待人具有一种反生产的本质，某些外部的观察者仍然对这种本质感到惊奇。1985 年来自罗马的一份报告指出，一个大型的汽车制造公司拥有 18 万雇员，其中的 14.7 万人是工厂工人，在某个周一，约 21000 名工人缺勤，他们的日平均缺勤率为 14000 人。根据一个管理协会的报告，纵观整个的意大利经济，有 2000 万工人，他们的日平均缺勤率为 80 万人。造成这种情况的原因是，越来越多的年轻工人反感于装备生产线的纪律，近期又有意大利南方的未经训练的人流入北方的工厂。

雇主另有考虑

有些指标很少引人注意，但却很重要，这就是在生产中发生的缺陷和错误率不断地增长，事故、旷工和流动性大范围地扩展。尽管有金钱这种麻醉剂作诱饵，寻找足够人数的工人去甘心忍受现代工厂的恶劣环境仍然是非常困难的。在瑞典和日本，雇主被迫去开发一些新的工作形式，它们能够给工人以自尊和自主，尽管目前涉及的工人人数很少。

有些雇主确实能找到足够的工人来充当"机器的附属品"，但他们仍然有许多困难。那种具有阶级分化作用的教育制度，它寻求把工人们的期望降至最低，致使各种媒体也持续不断地攻击它。尽管如此，工人们仍然保持着某种程度的尊严和智谋，这使得雇主感到恐惧。的确，对人的尊严最伟大的体现之一就是工人们固执地拒绝遵守弗雷德里克·温斯洛·泰勒给出的规矩，"他应该是愚蠢和迟钝的，以至于他在智力上更像一头牛，而不是别的什么动物"（泰勒，"科学管理"的原创者，1895年在美国首次公布他的理论。他把工作分成最小的单元，包括机械部件和工作中做的动作，并且把这些元素重新安排成为最有效率的组合。每一个单元的操作用秒表计时，把每项任务的时间标准确定下来。泰勒把劳动分工扩展为时间本身的分割。在他之前就有人使用过秒表，但只是为了工作的全过程计时。他用秒表给处于隔离状态的工人的每一个动作计时。在泰勒的理论中，秒表及其以计算机为基础的现代继承者就是《圣经》）。

不足为奇的是，当人们受到这种待遇时，当要求人们像牛马一样工作时，他们就应该尽其所能地采取方法来保护自己，并宣称自己是人。这些努力并非与某些行业的破产无关。到1980年，情况已经发展到这样的程度：在通用汽车公司最现代化的工厂里，有一半的设备被闲置。正如法国政治理论家高兹在1976年所预言的："强加给装配生产线工人的劳动强度和单调乏味超过了以往任何时候。"

这种人力和物质资源的浪费如此地可耻，以至于雇主感到必须接受改善健康和安全的标准，并提供一个异化程度较低的环境。但是，事故和疾病这些具有生理本性的因素被心理的压力因素所取代，其程度之高以至于雇主不得不求助于工业心理学家、集团技术专家和工作丰富化的专家。这些专家顾问也没有办法改变基本的权力关系，正是这些权力关系首先引起了这些问题。正如卢卡斯管事委员会说的：“这种情况就像把人关在笼子里，然后与他们辩论笼子的颜色。”

从雇主的立场出发，有一个更容易接受的解决办法。在汽车制造厂中，尤其是在工厂发生错误和开工不足的情况下，这个解决办法就是减少工人人数，让机器人取代他们，我们因此而向无工人工厂迈进了。与在该领域雇用的工人相比，机器人设备一年比一年便宜（图 11）。

我们或许可以用一句话总结上述情况：即使我们在很大程度上对工作重新定义和重组，人还是需要工作。工作给人们提供了良机在不同层次上表现自己，管控不确定性，应对真实世界里的各种局面，展示自己的技能和创造性。生产的资本密集型（劳动简约型）把人类的这些能力取代了，并且把人置于被动、把系统置于主动的状态。

37

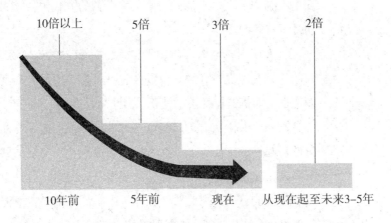

图 11　机器人的价格与工人年平均工资比较

这些情况给知识的再生产和社会更广泛的发展设置了最大的障碍。后来，人们努力地探索为什么会发生这种情况，并且以创造性的眼光审视那些对我们仍然开放的其他选项。

第三章
人机互动

非体力劳动

有些读者也许准备好接受这样的说法：上述那些情况可能并且已经发生在体力劳动中，但从来没有也必将不会发生在脑力劳动中。他们相信，用泰勒的方式对待脑力劳动是不可能的。

当人使用机器时，就在辩证对立的双方发生了互动。人的特点是速度慢、缺乏一致性、不可靠，但具有高度的创造性，而机器速度快、可靠，但完全没有创造性。[①]

本来，人们认为，这些对立的性质——创造性与非创造性是互补的，而且可以在人机之间提供一个完好的共生关系，比如在计算机辅助设计的领域就是如此。但是设计方法并不能够被分离为两个相互不接触的元素，也不能因此就像化合作用那样，在某种特定的情况下又结合在一起。由设计者把两个辩证对立的双方结合在一起，从而产生一个新的整体所凭借的过程是复杂的。到目前为止，对它的定义是错误的，而且很少有人研究该领域。随即产生的各个因素互动的基础是极其重要的。

这种连续互动的本质，当然也有量与质之比值，取决于人们对该产品在设计上的思考。甚至在人们企图定义工作中创造性与非创造性之比时，他们并不能轻易地说出，何时何处非创造性的工作已经完成，应该引入创造性的工作了。设计者审视所搜集的量化信息之后再做定性的判断，这是一个非常微妙和复杂的过程。人们寻求把计算机化设备引入这种互动时，他们企图显示出，定量和定性是可以被武断地分开的，计算机所能处理的是量化的内容。

人们几乎不可能把握计算机强大的计算能力。早在 20 世纪 60 年代，1967 年的世界博览会的中心装饰物是一个空间构架，在设计它时使用了计算机，并耗费了 2 小时。一位数学系的毕业生也可以做同样的运算，但要用 3 万年。这相当于 1000 个数学家毕生的工作。

越快越好

在安装计算机辅助设计系统的地方，操作者就经受了一种异化的工作，其过程是碎片化，而且速度不停地加快。人必须不断地与计算机处理数据的速度保持一致，以便能够做出定性的价值判断，由此带来的工作压力是巨大的。我们看到的有些系统，它们把决策的速率提高了 1800%—1900%。伯恩霍尔兹是计算机辅助设计和设计方法论的专家，他在加拿大工作。他所做的工作表明，让设计者以这种方式和计算机互动，就意味着他的创造性，或者说他解决新难题的能力在第一个小时降低了 30%，在第二个小时降低了 80%，以后他在心理上就被打乱了。按照西方"越快越好"的伦理观念，把计算机引入设计工作的结果很可能就是，设计的质量直线跌落。显然，人不能长时间以这种速度和机器互动。

在某些系统有这样一些安排：其中设置了处理数据的时间长度（比如 17 秒）。如果你不遵守这个设置，你就要被降级，并降至系统设计者所说的难以为继的地位。涉及其中的人们的焦虑是可以度量的，他们显现出全部的工作压力的症状，如大汗淋漓、脉搏和心率加快。假设图像要从屏幕上消失，但你还没有做完图像处理，你可以把图像保持住，或者重新调出，办公室的人都知道你遇到了令人头痛的问题。你必须跟着机器的节奏工作，这个节奏越来越明显。而你作为一个工作单元，不胜任的时刻会到来的。

人是"材料"

由于雇主尤其是非学术界的雇主期待着继续使用计算机设备，那么工作的压力就非常大。1975 年，国际劳工局推荐了防止白领职工神经疲劳的措施。国际信息处理联盟的工作组提出，计算机系统是"以非人性方式设计出来的，它引起精神伤害是应该受到惩罚的违法情况，就像伤害人的肢体一样"[②]。因此，对于系统设计者来说是引起愉悦的玩物，对于使用者来说就是去人性化的工作环境。[③]

你可以认为这是一种夸张，那么让我们看看在这方面设计者曾经说过的主要设备是什么。我要引述的是美国学者罗伯特·博古斯拉夫，而且我也核对了该引文。因为我第一次见到它时，不相信它是认真的。但我后来确信，说出这段话是在与美国一个大公司的系统设计者的一系列讨论之后。

让我们记住，我们直接关注的是，不管使用的是什么材料，操作单元要尽量满足系统的设计。我们必须注意防止这种讨论沦落为片面的分析，也就是对一种系统材料的复杂性做片面的分析，这种材料就是人。控制人的行为有一些方法，我们需要的就是这些方法的清单，同时，我们也需要对某些工具的描述，这些工具将帮助我们做到这种控制。如果这种东西给我们提供充足的手段对人构成的材料进行控制，那么我们就可以认为，他们是具有智力的部件，而且具有电力和化学反应。我们因此也就成功地把人构成的材料等同于其他材料，就可以开始处理系统设计中的难题了。但是，在使用这种人构成的运作单元时，存在着很多不利因素，他们似乎有些脆弱，他们会疲劳、会老化、会患病乃至死亡。他们经常是愚钝的和不可靠的，而且他们的记忆力也很有限。除此之外，他们有时似乎要设计自己的电路。这是不可原谅的，因为他们也是一种材料，所以任何使用他们的系统都必须设计出适当的防护装置。④

因此，根据博古斯拉夫的观工，人最宝贵的特点就是设计自己电路的能力，或者说是对自身进行思考，现在成了一种将要被刻意地压制的属性了。上述所有这些说法是以泰勒制为基础的观念。

弗雷德里克·温斯洛·泰勒曾经说过："在我的系统中，工人被精确地告知他应该做什么和怎样做，他们对给予他们的任何指令做出修改都注定是不能成功的。"⑤

泰勒的哲学也被引入到脑力劳动中了，为的是让我们适应这种从属于机器的角色，为的是用技术控制人，这种哲学充满了一个系列完整的、有趣且巧妙的论述。美国《会计杂志》中有一篇文章就有这种思想。该文涉及了会计人员的性格，当你引入计算机时，怎样才能控制他们。"如果你的雇员不顺心，你不应该让他们开始工作，以防他们滥用计算机。"我们关心的是计算机是否虐待人，但这种哲学认为，机器是最重要的，人必须根据机器改变自己，或者在选择雇员时，考虑其对机器的适应能力。

为什么贬低人的智慧？

赫瑞·瓦特大学的希思教授是新技术专家，他嘲讽我们竟然有这样一种想法："在今后的 20 年里"，计算机的智商可达 120。这是 1980 年以前的事。他继续说，到时候我们必须决定，它们是不是人。我不知道他怎么想智商低于 120 的人，但这个神学辩论应该认真对待吗？希思教授说："如果它们是人，就有一个显而易见的世俗推论：它们必须有投票权；把他们的电源关闭就是一种攻击，把它们的记忆删除就是谋杀。"⑥ 我们将逐渐地习惯于认为，这是一个有效的讨论领域

当然，在日本，有 50% 的工人因此而害怕被引入这个推论。这不是因为他们可能丢失工作，而是因为在产业关系的意义上，机器人将被视为人，在一个公司里工会已经同意接纳机器人为工会会员。由公司负责为这些机器人会员缴纳会费。⑦

为什么压制智慧?

　　我观察人越多，我就越感触于人能使用自己的庞大智力。我们经常说某个工作"容易得就像过马路一样"，但作为一个技术专家，我深深地感触于人们的这种过马路的能力。他们来到人行道边缘，从头脑中巨大的记忆库中回想起有关信息，以此来估计来往车辆的速度，并且将确定是小车还是大客车，因为车辆的大小对估算速度很重要。然后，他们估计好车辆图像由小变大的变化速率，由此来估计速度。同时，他们要估计道路的宽度、他们自己的加速度和速度峰值，当他们确定能过马路了，他们就穿行于车辆之间。

　　上述的计算是我们做的简单计算之一。你还应该去观察修理飞机发动机的技工，他们是怎样通过一系列的诊断步骤，发现发动机的不良情况。在那里，你能够看到工作时的真正智慧。人使用整体信息处理的能力时，可以运用 10^{14} 个的突触连接，但带有模式认知能力的最复杂的机器人也只有 10^3 个智能单位。

43　　为什么我们要刻意设计一种设备来加强 10^3 的机器智能而贬低 10^{14} 的人的自然智能呢？人的智能中包括了文化、政治觉悟、意识形态和其他一些强烈的愿望。在我们的社会里，这些都被认为是具有颠覆性的东西，这当然是一个很好的理由，那么就竭力压制它们，或者把它们完全消灭。这是意识形态的假设，它时刻存在着（图12）。

　　作为设计者，我们甚至没有意识到，我们在压制人的智能，我们这样做有先入的偏见。这就是为什么在某些领域里，人工智能如此火爆。弗雷德·马古利斯是国际自动化控制联盟社会影响委员会主席，他最近对人的脑力的浪费做出了评论，他说：

　　　　这种浪费具有两面性，因为我们不但没有利用现有的资源，而且我们还让它们自生自灭。医学意识到这种衰退的现象已经有很长时间了。它指出，器官不使用就会衰退萎缩，就像用石膏固定的肌肉那样。

44

社会科学家近期的研究支持这样一个假说：萎缩也存在于智力功能和能力之中。

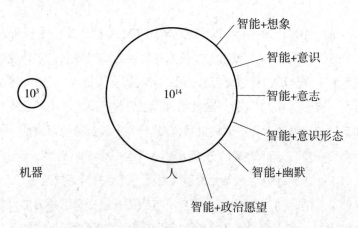

图 12　整体信息处理所能得到的各种智能单元的比较

为了说明人脑的能力，我引述了威廉·费尔贝恩爵士对 1861 年的磨坊技师的定义：

> 以前的磨坊技师，从一个大范围看，是机械技艺的唯一代表。他们是流动的工程师和机械师，享有很高的声誉。他们能够使用斧子、锤子和木工刨，而且对这些工具的把握同等熟练、精确。他们能够旋、钻、锻。他们能够给石磨画线开槽，其精度相当于或者高于磨坊主。他们也是相当不错的数学家，懂得几何学、平整和测量土地。有时，还具有相当丰富的实用数学知识。他们会计算机器的速度、强度和功率，能绘制俯视图和剖面图，会搞建筑和开挖水道，他们能够按照专业实践要求，以各种形式、在各种条件下从事这些工作。他们会建筑桥梁、开挖水渠，他们从事的多种多样但现在都是由土木工程师完成的工作。[8]

所有这些智能型的工作早就从磨坊技师的功能中撤出了。

排挤大多数人

10 年前，我们当时的那个不断进步的工业部搞出了一个报告，被称为"人／机系统的设计"。该报告涉及人与机器的不同特点，并且也列出了人与机器的不同属性。就**速度**而言，报告称"机器快得多"；就人而言，报告称"有一秒钟的延迟"。就**一致性**而言，报告称机器的"精度是理想的"，而人则是"不可靠的，人应该被机器监视"。关于**超负荷的可靠性**，报告称机器"突然崩溃"，而人则是"逐渐退化"。

人们不必成为社会学意义上的爱因斯坦，就能搞清楚发生了什么情况。
45 出售这种设备的人们自己心里很清楚。《工程师》这本杂志我相信大多数工程师都阅读过，其中有一个计算机辅助设计软件包的广告说："如果你有一个伙计能昼夜不停地绘图，从来不疲倦也不生病，从来不罢工"，而且乐于领取半薪，你就不必再……"⑨ 现在，我们知道为什么出售这个软件包了。它在广告中叙述得很清楚。《经济学人》杂志也叙述得很清楚。它指出"机器人不罢工"，它建议管理者引入机器人设备，这是控制好斗分子的一个方法。⑩

24 岁的年龄太大了

机器越来越专门化，人也是如此，他们是机器的"附属品"。在教育界，大家都在谈论教育的扩大与普及。但在现实中，许多公司不招聘 23 岁以上的电气工程师，他们非常精确地规定他们所需要的工程师的确切类型及其确切的专业。尽管大家都在谈论机器的普遍性和系统的普及，但历史趋势是向更高的专门化。

与机器有互动的人们也被要求要专门化。但是，正如在上文所指出的，伴随这种情况的是知识的淘汰越来越快。尤金·魏格纳是国际知名的物理学家，他在谈论教育要适应这种专门化时指出，训练物理学家的时间越来越长了。"训练物理学家处理这些难题的时间如此之长，以至于他们处理这些难题时年龄已经太大了。"他所说的太大的年龄才 23 或 24 岁。

一些研究者已经计算出专门化的人员的最佳表现年龄。坐在视频显示装置前的各种不同年龄组的人们，他们解决的难题其复杂程度不断提高。根据任务复杂程度标绘的反应时间见图 13。人们可以看到，随着任务复杂程度的提高，年长的人的反应时间也越来越长。因此，就像广泛的科学研究表明的那样，人的年龄越大，速度越慢。我五岁时看到我爷爷和奶奶时就知道这种情况！

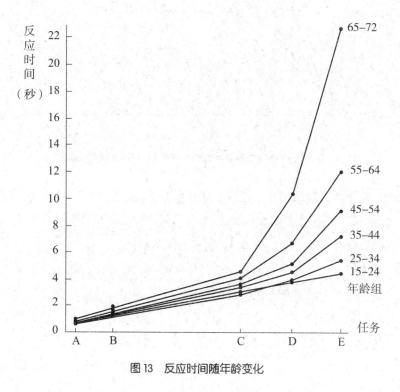

图 13　反应时间随年龄变化

当然可以说，年长的人经验和知识丰富，因此可以解决更多的难题。但即使不考虑这种情况，难道我们已经堕落到这种地步，年龄增长这个自然生理过程就应该在经济上受到惩罚吗？我们设计的机器只适合于最佳表现年龄。你看到多少年过 40 岁的人在具有高度压力的计算机化设备前与这些设备互动？没有任何事情比年龄增长更自然、更不可抗拒了。正如塞缪尔·贝克特说："我们天生都是掘墓人的钳子。"

47   图 14 表示在美国的实验结果。有一组年龄不同的科学工作者，给他们一些简单且又原始的难题让他们解决。纵轴为解决难题的能力和反应时间，横轴为年龄，中间是表现曲线。

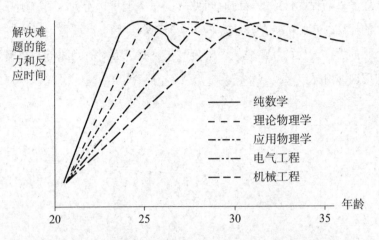

图14　各个专业的脑力劳动者达到与系统最佳互动的最佳表现年龄

人们发现，纯数学家的最佳表现年龄是 24 至 25 岁，理论物理学家是 26 至 27 岁，机械工程师大约是 34 岁。机械工程师是最持久的。这种情况也在我自己身上发生过，我明显超过了那个年龄。

有人提出，在这些专业人士的最佳年龄期间，应该有几年的最高工资和地位。过后他们的职业生涯就走下坡路了。这里有的不是奥威尔对某种严酷前途的展望。这种前途已经和我们在一起了。日立公司在日本的总裁已经 73 岁了，他希望在南威尔士的工厂里摆脱那些年龄大于 35 岁的工人，因为"年龄较大"的工人更容易生病，而且速度慢、视力差，对变革有抵触情绪。

如果你看到过体力劳动者的工资与他们的体力和工作速度之间的关系48 图，你就会认识到，它完全是同种类型的曲线。换言之，这种情况也出现在脑力劳动中。其理由之一是增长了的生产率将提供给人们数据和时间，让他们具有创造性。以这些方式提高的创造性，在我看来应该受到高度质疑。

拼凑你的标准件

有一个系统以哈尼斯这个名字为人所知，它曾经被引入建筑设计领域。它能让用户把一座建筑简化为若干标准化的单元。在这样的系统中，建筑师所能做的全部就是把事先确定的建筑元素在屏幕上进行布局。改变这些元素的可能性越来越受限制。就像一个孩子玩积木，你可以把积木摆放成你喜欢的各种形式，但你不能改变单个积木或者元素的形状或本性。

我从在地方政府工作的同事那里了解的情况是，如果你使用哈尼斯系统已经两年了，那你就会被建筑界视为你的技能退化了、找工作极其困难。这就把建筑师置于与体力劳动者相同的境地，如果体力劳动者长期使用专门化的车床，他们就不能胜任地操作综合的、技能性更强的车床。

同样，计算机也改变了印刷业。该行业的从业者得到保证，计算机将提高他们的创造性。除了那些被新技术永远淘汰的工作以及诸如在《时代周刊》报道的一些冲突以外，我要论证的是在印刷业以及报业内大多数创造性的工作正在消失。记者的新角色就是通过视频显示装置工作，他们不仅准备文字稿，而且还要通过计算机把字体准备好。据说，由于他们能够把文字稿章节来回调动，并且快速修改句子和段落，他们的创造性将会提高。但是，美国的这些新技术的经验已经开始显示出，这种做的结果不是灵活，而是僵化。这是因为标准的表述可以被存储在计算机里，在新闻写作时，可以随时调用。这项工作一开始是计算机通过计算完成的，包括计算短语和句子发生的速率。频率最高的短语和句子被存储起来，当作最佳句子或者首选子程序，这些都是记者需要使用的。因为我们痴迷于最佳。

假定你是一名记者，报道一些政治活动，你会以这样的句子开始："华盛顿消息……"你不能说："那些傻瓜又搞错了。"或者其他一些不常见的话，因为那种句子在子程序中没有。记者个人的风格可以给新闻增添色彩和风趣，但这种风格逐渐消失了。现在已经有一些人在抱怨，有些美国报纸就是以这种方式炮制的。

人们有时提出，这仅仅是过渡阶段，是产业的暂时困境。过了这个阶段以后，我们就来到了充满希望的职业天地，其中周密健全的系统和大量的数据会赠予我们规模庞大的排列组合，要想让我们不具有高度的创造性都很难。这个观点类似于那位教授的观点，该教授的观点涉及《格列佛游记》中的勒普泰岛中的"发明才能"：为了获得艺术与科学，用普通的方法需要付出多么大的劳动量。但有了发明的手法，即使是最无知的人，只需付出合理的费用和很少的体力劳动，就可以撰写各种各样的著作，其内容包括哲学、诗歌、政治、法律、数学和神学，而且不需要任何天才或学习。

这种"发明的手法"是一种傻瓜盒，其中包含了字母表中所有的字母，而且每个字母都有许多个。学生接受训练连续地旋转这个盒子，然后写下偶然拼凑出的词汇。其中的逻辑是，如果你坚持经常这样做，你就不可能拼凑不出真正的词。这正是用在计算机方面的论证。

还有一个设想是，从"逻辑"信息检索系统中我们可以调用专用的知识包，这种系统能够加强我们的决策能力。但是，拉夫堡大学的沙可教授指出："通常，人的逻辑是不合逻辑的。"[⑪] 尽管他说的是语音输入系统，但同样也可以为信息检索系统论证。如果智能的人前往图书馆查阅参考资料，他们的注意力将无一例外地被转移到其他领域，就所需要的专用知识而言，这些领域是多余的。但是，人类行为和智能的丰富性是庞大的知识和经验的结果。因此，在那些完全不同的项目和显然无关的领域，这些明显是多余的信息也是至关重要的。因此，当《时代》杂志能够在头条新闻里赞许地宣布，图书馆里没有人浏览了，自动设备是主要的助手，如果情况可以预测，我们就会面临严峻的局面。[⑫]

据情况显示，在这些高度自动化的图书馆、办公室和工作场所中，人们真正拥有的人机对话比人人对话要多。我曾经听说过，病人宁愿与计算机对话也不愿意与医生对话。这种情况也许更多地表明，在一个技术先进的社会里，医疗系统处于可悲的状态，而不是说我们的计算机设计得高明。人们在相互之间讨论工作中的难题时所具有的丰富互动，以及这种互动产生的不固定的知识方面的互利，这些很可能要丢失了，而人们可能成为工业中的鲁宾孙·克鲁索，在一个机器的孤岛上徘徊。人与人之间的交谈和社会交往的缺乏，再加上这种缺乏对脑功能的影响，这些是神经生物学家斯蒂芬·罗斯在一个更宽泛的语境中讨论的内容。⑬

我们社会的典型情况是，对各种生产过程所采取的观点都是思维狭窄的、碎片化的和短视的，那些重要的哲学思考经常被忽略。

缺乏远见

有些设计方法论者提出了这些问题⑭，但在设计界缺乏严肃的辩论，这种缺乏本身就说明情况是严峻的。现代控制论的创始人之一诺伯特·维纳曾经警告过："尽管机器在理论上受制于人的评判，但这种评判也可以是无效的，除非很久以后它显示出重要性。"奇怪的是，设计界以人机互动为傲，以有能力预见难题和事前做出计划为傲，但却很少显示出对计算机化的难题能够做出分析，"除非很久以后它显示出了重要性"。的确，在这方面，设计界在自己的领域显示的是，他们也同样缺乏社会意识，这点尤其表现在把技术用于社会时。

毫无疑问，这些难题中的大多数产生于人们对经济和社会的假设，这些假设形成于引入这种设备时。另一个重要难题是，人们假定所谓科学方法将不可避免地产生更好的设计，但人们却有理由质疑，这种科学方法是否是自诩的。⑮

与此相关的是一个非书面的关于科学方法论的假设：如果你不能量化某事物，你就在假称它们并不真正存在。适合于数学模型的复杂情况很少。我们尚未也不可能用数学模型来模拟人的想象力。也许计算机辅助设计的正面影响之一是它要求我们更彻底地思考这些深层次的难题，从而把设计归结为一个整体过程。就像美国的设计方法论专家洛贝尔所言：

> 的确，有意识的心智不能处理复杂设计难题所需的若干变量，但这并不意味着系统的方法是唯一的选项。设计是一个整体过程。该过程是把各种复杂变量集中在一起，这些变量之间并没有明显的、可描述的逻辑系统连接。正是由于这个原因，心智的深层结构中的最强逻

辑,其运作是超越时空和因果关系限制的,在传统上它是全部科学和
艺术最具创造性工作的成因。如今,认为这些能力存在于人的精神之
中已经过时了。⑯

创造性的头脑

有一个事实是,在计算机化的办公室,智能环境是高度受限的和高度
组织化的。显然,这种环境也在发生变化,它也有了对科学和艺术创造性
有贡献的某些条件和属性。⑰我曾经听过一个说法,只要贝多芬有能产生
音乐组合的计算机,他的第九交响曲就会更美。但是,创造性是一个奇妙
得多的过程。如果你着眼于历史上具有创造力的人们,就会发现他们在工
作时总是具有无止境的、儿童式的好奇心,具有高度的主动性和振奋的精
神。最重要的是,他们有能力用创造性的方法解决难题。换言之,他们拥
有丰富的想象力。想象力把我们与动物区别开来。就像马克思所说:

> 蜜蜂建筑蜂房的本领使人间的许多建筑师感到惭愧。但是,最
> 蹩脚的建筑师从一开始就比最灵巧的蜜蜂高明的地方,是他在用蜂蜡
> 建筑蜂房以前,已经在自己的头脑中把它建成了。劳动过程结束时得
> 到的结果,在这个过程开始时就已经在劳动者的表象中存在着,即已
> 经观念地存在着(译文引自马克思:《资本论·第一卷》,人民出版社
> 2004年版,第208页)。⑱

如果我们继续用上述的某些方法设计系统,我们就将把自己变为蜜蜂。
如果我们强调想象力的重要性,强调以非线性的方式工作的重要性,
我们可能被认为是浪漫主义或屈从于神秘主义。人们通常公认,音乐、文
学和艺术需要这种创造性的工作方式,但很少承认这种工作方式在科学领
域也同样重要,甚至在诸如数学和物理学这样的所谓硬科学中也同样重要。
但那些具有创造性的人们却承认这种工作方式。牛顿说:"我好像是一个在
海边玩耍的孩子,不时为拾到比通常更光滑的石子或更美丽的贝壳而欢欣

鼓舞，而展现在我面前的是完全未探明的真理之海。"

爱因斯坦说："想象力远比知识更重要。"他还说："提出一个问题远比 53
解决一个问题更重要。因为解决问题也许仅关系到数学或实验的技能，而
提出新的问题和新的可能性以及从新的视角观察老的问题却需要有创造性
的想象力，它标志着科学的真正进步。"

有一次，当有人强烈要求爱因斯坦说出是怎样发明相对论的，他是这
样说的："当我 14 岁时，我就问过自己，如果我骑着一束光看世界，世界
会是什么样子。"这对于他后来的全部数学工作来说，是一个美好的基础
概念。

西方科学方法论的核心概念是可预见、可重复与可量化。如果某物不
能量化，我们就不得不把它从实在中剥离出来，这就导致抽象到达了危险
程度，特别相似于显微镜的海森堡原理。这些技术在狭义的数学问题中也
许是可以接受的，但是只要有复杂得多的考虑介入其中，比如设计领域，
它们所产生的结果就应该受到质疑。

> 这种结果发生的风险是科学方法的固有属性。因为科学方法必须
> 从具体的实在中抽象出共同的特点，以便使思想清晰化和系统化。然
> 而，在纯科学领域内，不会产生有害的结果。因为概念、思想和原则
> 都是相互关联地存在于一个精心建构的矩阵中，矩阵由相互支持的定
> 义和对实验观察的解释组成。当人们把这种方法用于实际情况时，就
> 会发生故障。因为在实际情况中，因素的数量和复杂性如此之大，以
> 至于你不可能在没有任何减损的情况下，不可避免地做出抽象、错误
> 的结果。[19]

这些问题新近导致了一系列的政治辩论，内容涉及科学技术呈中性的
问题[20]。人们越来越关注的意识形态的预设注入了我们的科学方法论[21]。

第四章
能力、技能与"训练"

设计的起源

大约在 16 世纪，在大多数的欧洲语言中，出现了"设计"一词或者其同义词。这个词的出现是为了满足对设计这一职业活动描述的需要。这并不是说设计是一种新的活动，而是为了把设计从范围更广的生产活动中分离出来，从而被认定为是一种独立的活动。因此这样做可以说成是把手和脑分开，把体力劳动和脑力劳动分开，把工作中的概念部分与劳动过程分开。总之，它表示设计要与干活分开。

确定在历史上何时发生的这种转折显然是困难的，我们不妨把它视为一种历史趋势。

时间到了我们要讨论的阶段，诸如教堂这类宏大的建筑结构被建筑大师"建造"起来了。我们可以这样概括这个阶段：工作的概念部分与体力劳动过程是一个整体。然而，自此以后，就出现了"教堂设计"的概念，这项活动由建筑师完成，而"教堂的建造"由建造者完成。这绝不表示历史在这里突然中断了，而是一种历史趋势的开端。这个趋势清晰可辨，但它仍然没有影响工匠的诸多技艺。

因此，在上个世纪，费尔贝恩还能综合地描述磨坊技师的技能，该描述在第三章已经援引过了。如今，还有许多工作的概念部分与其工艺基础融合在一起。然而，我们正在讨论的那个阶段其重要特点是，脑力劳动和体力劳动的分离给脑力劳动提供了进一步细分的基础，或者就像哈里·布雷弗曼所说："脑力劳动首先从体力劳动中分离出来，然后再根据相同的原则严格细分"。①

55

德雷福斯把这个问题追根溯源至古希腊人使用逻辑和几何学，其概念是，所有的推理都可以被简化成某种计算。他提出，人工智能也许始于大约公元前 450 年，当时苏格拉底要建立一种道德标准。德雷福斯断定，柏拉图把这个要求总结为一种认识论上的要求，其中人们也许认为，全部知识都可以用明确的定义来表示，这样人人都能运用。如果有人不能以明确的传授形式陈述自己的知识，那他的知识就不是知识，而仅仅是信仰。德雷福斯提出，在柏拉图的传统中，人们烹饪时使用的是味觉和直觉，还有些人是靠灵感工作，如诗人，这些人就没有知识。他们所做的不涉及理解，不能被理解。更一般地说，不能明确讲授的内容，包括人思想的所有领域，即要求技能、直觉和传统感的那些领域，就被降格为任意为之。②

人们开始逐渐地认识到，客观性应该置于主观性之上，定量计算应该置于定性分析之上。二者应该而且可以互动的观点是不能接受的，尽管人们做过系统的努力和思想上的斗争来主张这个观点。这种努力有一个重要的例证是阿尔布雷特·丢勒（1471—1528 年），丢勒不仅是"艺术大师"，更是才华横溢的数学家。在纽伦堡，他的学术水平是最高的。丢勒努力应用他的能力开发一些数学形式，这些形式可以成功地保持手和脑的统一。坎特③指出，丢勒能够把复杂的数学技能付诸实际应用是很有意义的，而奥尔希克④则把丢勒的数学成就与同时代的意大利和其他地方的顶级数学家做了比较。的确，在丢勒逝世 90 年后，开普勒还在讨论丢勒的几何建筑技术。阿尔弗雷德·索恩·雷特尔在谈到丢勒时指出，"但是，他没有以学术的形式使用这些知识，而是让这些知识成为工匠的优势，他的工作'贡献给了年轻的工人们和那些没有人向他们真正传授知识的人'。他的独到之处是把工匠的实践和欧几里得几何学结合起来"。还有：

56

丢勒的思想易于理解。一方面，应该让建筑工人和金属加工工人等能够掌握远超过他们传统训练的军用、民用技术和建筑设计的任务。另一方面，需要的数学知识应该作为手段为他们服务，可以说是保持手和脑的统一。他们即使不当数学家或其他脑力劳动者，也应该从数学的固有优势中获益。他们应该实践社会化的思维，但却保留个体生产者的身份。因此，丢勒提供给工匠们的是适合于工匠的绘图术训练，其中渗透了数学知识，但无论如何不要把它与应用数学混淆。⑤

据说，丢勒曾经声称可以开发出一些数学形式，它们就像自然语言一样适合于人的精神。人们从而可以把工作的概念部分与劳动工具的使用结合起来，这样，人们在绘制和建构传统风格建筑的复杂形状的轮廓时，可以使用像正弦规那样的工具。

整体设计

理论本身是实践的总结，它可以再次被融入实践中去，从而扩展了实践和应用的丰富性，同时又保留了手和脑的统一。

实践传统的丰富性可见于维拉尔·德·奥内库尔的那本手绘图册，他在其中做了自我介绍：

维拉尔·德·奥内库尔问候你们，并祈求所有即将使用见于本书的各种装置的人们为他的灵魂祈祷并铭记他。在本书中，将发现合理的建议，建议涉及砖石工艺的优点和木工手艺的使用。你们也将发现，对人物画也有强有力的帮助，其根据是几何艺术课程的内容。⑥

57　这个非凡的文件是有 13 世纪的教堂建筑师撰写的，其中包含的学科可以做如下分类：

1. 机械学。

2. 实用几何学和三角学。

3. 木工工艺。

4. 建筑设计。

5. 装饰设计。

6. 图形设计。

7. 家具设计。

8. "对于建筑师和设计者的专门知识来说是陌生的学科"。

大家看到，手稿中的这些技能和知识的范围之宽令人称奇，并且具有整体性的本质。

有些人尽管钦佩当时工匠能力的范围出奇地宽，可他们还是认为，这是知识的一种"静止"形式，这种知识固定不变地从师父传授给徒弟。但实际上，技艺的传授是在一种动态的过程中进行的，时刻都在扩展其基础，并且加入新的知识。有些德文的手稿描述过"漫游学徒期"，这是一种用于学习的假期。在此期间，工匠从一个城市旅行到另一个城市，为的是获得新的知识。维拉尔·德·奥内库尔有过大量的旅行，幸亏有了他的手绘图册，我们才得以追寻他的旅行足迹，从法国到瑞士，还有德国和匈牙利。

同时，他也热衷于机械装置，由他设计的一个系统后来被海员用来保持罗盘的水平状态和气压表的垂直状态。他设计了各种钟表装置，我们从这些情况中可以知晓"怎样让天使的手指始终指向太阳"。他展示了非凡的工程制作能力，包括起重设备等许多机械装置，从而提供了重要的机械方面的进步。例如，他发明了一种螺旋杠杆结构，而且带有恰当的说明，"怎样制造用于起重的最强有力的动力机械"。

从所有这些情况中，我们看到的是设计和施工之融合的精彩描述，这是一个传统，这个传统仍然可见于费尔贝恩对磨坊技师的描述。

维拉尔也关注"自动化"，为的是把人从繁重的体力劳动中解放出来，但仍然保留工作的技能基础。在木工技术中，他想出了一个系统，用于替代辛苦的拉锯活动——"怎样让锯条自己运动"。

他对几何学有浓厚的兴趣，因为它能用于制图。"制图法从几何艺术得到教益是从这里开始的，但为了理解它们，人们必须用心学习每一种具体的用途。"所有这些方法都是从几何学中提炼出来的。他继续描述,"怎样测量塔楼的高度","怎样在不跨越水道的情况下测量水道的宽度","怎样制作两个容器,一个的容量是另一个的两倍"。

许多现代的研究者都证明,维拉尔出色地掌握了几何学。我们发现了与此相关的情况,在石匠按照建筑构件的尺寸切割岩石时,他给出了实际的建议:"怎样把岩石切割成斜拱形","怎样切割拱门的拱形石"。所有这些都生动地体现了手和脑的融合,是从他自己的实际经验和技能中总结出来的。

另一个 13 世纪的手稿,也是用维拉尔式的语言写成的,仍然保存在巴黎圣吉纳维夫图书馆,可查阅。其作者同样关注数学难题:"如果我想求等边三角形的面积","如果我想求八角形的面积","如果我想求圆形城市的房屋数量"。

纵观这个时期,脑力和体力、理论和实践在工匠或者专业人士那里是融合在一起的。的确,二者如此自然地共存,以至于我们发现从事实际工作的建筑师们还带有大学的头衔,如 "石匠博士"。

皮埃尔·德·蒙特厄依是建筑师,他重建了圣丹尼教堂的中央大厅和十字形翼部。他的墓志铭写道:"这里躺着皮埃尔·德·蒙特厄依,在他的此生中,他完美地遵守了优良传统,他是石匠博士。"

59 我引用了这些手绘图册,并且引述了手稿,为的是表明当时的技艺包含着很强的理论成分和科学方法,体现了行动是概念或设计的基础。我做这些事情时,为我的一个严重失误感到自责,因为我接受这样一种说法:只有书面形式的东西才具有科学性和理论性。而且我没有能够给出一座大教堂或者一个复杂建筑结构的说明,也没有说具有这种结构的建筑自身就必然体现出完美的理论基础,否则,它一开始就不可能被建造出来。

我们也能在书面形式中察觉到西方科学方法论的基本要素:可预见性、可重复性和数学的量化性。这些要素从定义上排除了直觉、主观判断和意会知识。

此外,我们开始认为设计应该降低或者消除不确定性,由于人的判断有别于计算,所以判断本身就被认为构成了不确定性。根据这种狡猾的逻辑，就得出这样的结论：好的设计要消除人的判断和直觉。而且，把工匠技能的"秘密"公开，我们就能为一个基于规则的系统奠定基础。

设计的"规则"

在这两个相互衔接的世纪里，人们做了系统的努力来描述支持各种工匠技能的规则，从而使这些规则为人所知。支持的技能包括艺术家、建筑师和工程师的技能，从建筑理论到绘画和制图，它们都属于乔托的传统。乔托的方法并不完全是视觉的。天花板上渐远的房梁会聚到一个合理的令人信服的焦点上，但这只是一个大体的情况，按照直线透视的规则，它没有像它应该的那样与水平线保持一致。"但是，乔托的方法既系统又合理，毫无疑问，它包含的诸因素给后来几个世纪更全面地追求科学规则的人们以强有力的启发。"那些在莱昂纳多之前追求绘画的精确视觉法则的人，其中首屈一指的肯定是那位后来的伟大建筑师、先前就已经是雕塑家的菲利波·布鲁内莱斯基。[⑦]

根据安东尼奥·马内蒂的记载，大约在 1413 年之前，布鲁内莱斯基绘制了两幅图。这两幅图表明，建筑怎样用"今天画家们所称的透视法来表示，透视法是科学的组成部分，具有良好的基础，因为它合乎人们这样的常识：对于人眼来说，物体是近大远小的"。在圣乔凡尼大教堂，有一幅画表现的是一个八角形洗礼堂，就像从佛罗伦萨大教堂门口张望所看到的一样。核对视觉"真相"的方法是，在洗礼堂的绘画板上钻一个小孔，观者可以手持绘画板，把眼睛贴在小孔的无绘画的一面，另一只手拿着一面镜子，通过镜子的反射能看到有绘画的表面。用这些方法，布鲁内莱斯基精确地建立起垂直轴，沿着此轴可以看到他所表现的内容。

使用镜子，就有了视觉经验和绘画展示内容的精确对等，这种情况就成为莱昂纳多的艺术理论，当然进入了他全部的知识论。[⑧] 他也把这个科学方法用于他的建筑设计和其他方面的设计。有一个解释是，这些事件体现了设计史和设计方法的重要转折。此后，我认为，理论和实践就越来越分离了，人们越来越多地强调知识的理论化和书面形式。在西方社会，人们越来越多地混淆语言能力和智能，并且用语言能力代表了智能。而且人们越来越贬低意会知识，意会知识指的是"我们知晓但不能讲述的事情"。⑨我们可以援引理论和实践最能说明问题的表现。达芬奇说："他们要说的是，没有学问，我们就不能正确地说出我们想说出的事情。但难道他们不知道，从经验出发来说明知识比更多地使用语词更好吗？对于所有擅长写作的人来说，经验是女主人，因此，我要时刻引用她。"⑩

尽管有了这些论断，设计系统所拥有的概括形式、书面形式、科学性和以规则为基础的性质，成了一种趋势，也形成了早期的工程。1486 年，德国建筑师马梯阿斯·劳立沙在雷根斯堡出版了他的《论教堂塔尖的层级》，这个题目很迷惑人。他在其中提出了设计塔尖的方法来自平面图，从而在事实上创造了设计塔尖和教堂其他部分的统一方法。这些趋势已经招致工匠兼设计师的愤怒和反对，因为他们的工作因此而被去技能化了。

石匠大师们

1459 年来自斯特拉斯堡、维也纳和萨尔茨堡的石匠大师们聚首雷根斯堡，为的是制定他们行业的成文法规。他们做了各种决定，其中有一个是不向任何非行会的人员透露根据平面图制作正视图的技术。"因此，工人、工匠、挣工资的人和学徒期满的人，他们都不会把根据平面图绘制正视图的技术透露给行会以外的人和从来没有当过石匠的人。"尤其要注意的是，他们拒绝那些从来没有当过石匠的人。

正如我们的德国同行所言，工匠的这种反应有两重性，一方面，有其消极的性质，即这些优秀人才努力保持其专业特权，正像当今医疗专业人士所力求做到的那样。另一方面，也有其非常积极的一面，即努力保持工作中的定性和定量因素、主观性和客观性、创造性和非创造性、体力和脑力，保持这些相反的性质可以同时体现在一个工匠身上。

石匠大师们所承受的压力也具有两面性。一方面，不让他们工作具有概念部分。另一方面，仍然具有脑力劳动和设计能力的工匠受到了排斥，排斥他们的是那些力求显示理论至上的人，那些企图把理论从实践中分离出去的人。让不断发展的学术精英们愤愤不平的事实是，木匠和建筑工人以大师为人所知，例如木匠大师或者石匠大师。但学界力图确保把"大师"保留给那些完成文科学业的人。的确，早在13世纪，一群法学博士就曾坚决地反对把这些学术头衔送给从事实践工作的人们。

追溯这些趋势既吸引人又启发人，这些趋势穿越了五个世纪把我们送 62
入了信息社会，我们有了计算机辅助设计和专家系统，由于本书篇幅有限，故不能详述。但只要说出一种情况就够了：一些研究者从历史的视角出发，观察到了这些基于信息的系统中的涵义，他们得出了结论，在设计和其他形式的脑力劳动领域，我们现在又处于一个历史的转折，我们又要重复过去在工匠技能领域所犯过的许多错误。[11],[12]

理论从实践中分离

麻省理工学院计算机科学教授约瑟夫·魏泽堡使用"从判断到计算"作为他的开创性著作《计算机的能力与人的理性》[13]的副标题。他这么做是很有意义的，因为这就突出了一个观点：对计算机技术不加批判的接受是一种危险。

伴随这种危险的难题已经明确了，它包括理论与实践令人瞩目的分离。其结果是产生了这样一批人，如果没有计算机辅助设计，他们就像幼儿被断奶一样，对自己的"设计"对象就没有认知。有一种情况说明了这一点：加力燃烧室点火器的设计者在计算机辅助设计的屏幕上计算了各个尺寸，然后把这些数据发送出去，但小数点的位置向左或向右移动一位的差别在设计过程中看不出来。设计者随后生成了一个数控纸带，在车间里的那些去技能化的工人用这个数控纸带，可以生产出一个比原来大10倍的点火器。[14]在这种奇特的情况中，最令人震惊的是，当设计者面对一个如此的庞然大物时，他竟然看不出其中有什么错误。

还有一种情况并不那么令人注意，但从长远的观点看，它的重要性是不断增长的，那种菜单驱动的系统往往产生僵化的设计。第三章给出的哈尼斯就是这样一个例子。

给出了这些难题的范围和本质，还有它们所处的技术呈指数速率变化的情况，这就要求我们都应该像丢勒那样力图表明其他的选项是存在的。这些选项既不排斥人的判断、意会知识、直觉和想象力，也不排斥科学方法或者基于规则的方法。我们应该把它们统一在一个共生的整体系统中。

遗憾的是，很少有这种共生系统的例证，在这种共生系统中，人的心智与计算机的计算能力是结合在一起的，人的心智包括模式认知能力及其对复杂环境的评估和朝向新的解决方案跳跃的本能。但这种共生系统确实存在，存在于一些狭窄而又特殊的领域。霍华德·罗森布鲁克是曼彻斯特大学理工学院控制系统研究小组的教授，他曾经证明，计算机辅助设计属于复杂的控制系统，其表现显示在屏幕上就是逆奈奎斯特阵列。[15] 我本人也描述过以人为中心的系统的潜在能力，既包括技能型体力劳动，也包括设计。[16] 此外，根据伦敦大区企业董事会对技术的分工，我们是通过我们的技术网络，在为发展专家医疗系统而工作（见第八章）。这些工作给出了一种互动，参与互动的有"特定领域的事实"、模糊推理、意会知识、想象力和专家启发法，没有企图要把这些因素降低为基于规则的系统。因此，这个系统被视为是辅助，而不是取代专家。

这种以人为中心的系统一个重要的突破是，"欧洲信息技术战略研究计划"近期做出一个决定，联合资助一个项目，即建立世界首个以人为中心的计算机集成制造系统，[17] 其详情见第八章。不莱梅大学的劳纳教授和维托斯基教授及其同事们正在开发一种教育软件，该软件将在这个系统中运行。因为我们不仅关心知识的生产，而且更关心知识的再生产。那些制作教育软件包的人，他们本身就是应用技术的工程师。

消费者的无能

如果生产者与消费者都被去技能化，那么生产者的去技能化就是可行的。例如，装在塑料袋里的味同嚼蜡的食品只有被数以百万计的消费者当作面包的情况下，面包师的去技能化才会发生。当公众相信马铃薯和苹果只有"生"和"熟"两种形式，当人们不能分辨散养的和层架式笼养的家禽所产的蛋其味道有差异时，农业生产的高度自动化和工厂化才有可能实现。

高超的木工技能及其橱柜制作工艺之所以能够被淘汰，是因为许多公众不介意俗气的刨花板产品和用真正的木材手工制作并且拼接适当的木器，或者不介意塑料容器和镶嵌着饰物的针线盒之间的区别。

关注质量不应该被误解为是一种奢侈的趋势。非常普通的劳动阶层和乡村家庭通常有世代相传的家具，这些家具虽然简单，但却体现了工匠的精湛技艺和材料的上乘。最近，有一位技艺熟练的工匠以极其愤怒的心情告诉我，一些手工制作的精雕细刻的漂亮家具被"建筑工人们"烧毁了，因为他们不能分辨家具的优劣。

随着时间的推移，越来越多的人丧失了鉴赏木工艺术和物品质量的能力。你破坏了执着的劳动之手，你也就破坏了消费者执着的意志。做到这一点当然需要一帮同谋。他们从事商业广告和市场促销，更普遍地说，它们属于《浪费者》一书中描述的那种人。他们是在生产和消费领域里的同谋。同时，在知识的再生产领域中，也存在犯罪同伙。师父和徒弟、教师和学生的关系被训练者和受训者所取代。在一些庞大的职业领域，我们不再拥有教育，我们拥有的是"训练"。

学徒和"训练"

古典意义上的学徒并不仅仅是习得技术性技能的过程。它是意义深远的文化传承，它是理解和尊重质量并习得对优质材料热爱的方式。即使是在今天，这种文化视角仍然有生命力，在工匠中尤为如此。

肯·亨特是一位雕刻大师，全世界的人们都期望得到他的作品。他是柏迪思的徒弟，柏迪思是伦敦的一位运动枪械雕刻师。他安排肯·亨特在亨利·凯尔的公司工作，这家公司专门从事枪械雕刻。肯·亨特是这样描述他 1987 年的工作的：

　　我觉得，雕刻在作品和工匠之间产生出一种强烈的个人关系。如果工作中一切顺利，这就是一种最亲切的感情；雕刻工具工作良好，钢材没有和你过不去。

　　我认为，用雕刻刀制作的钢雕之美类似于用羽管笔在纸上写的记号。它是流动的，逐渐变细，与用圆珠笔画的直线完全不同。有时我如此地投入，以至于我们丧失了时间的概念，迷失于各种理念之中，我觉得这些理念几乎就是幻想。我发现自己考虑的是，若干世纪以前的工匠，他们的工作方式与我现在的工作方式一模一样。没有发生任何变化，材料没有变，工具也没有变。

　　这听起来有些奇怪，但有时我回想起一些往事的碎片。我曾经在60年代或者更早的时候工作，我只有触碰这些往事碎片才能够准确地回想起我在若干年前从事这方面工作时我的行为和思想。也许这正是因为每一种工作体现并且耗费了很大一部分生命，甚至你的灵魂，谁知道呢？米开朗琪罗曾经宣称，当他面对一块岩石的时候，他所做的全部就是剔除岩石的多余部分，把雕塑从岩石内部释放出来，我也有这种感觉。

肯不使用草图事先勾勒出他即将创作的作品。他事前也不研究那块金属，而是直接使用雕刻工具开始工作。"不，我直接雕刻。作品完成后的样子已经存在于我的头脑中了，我认为，不必把它事前仔细地画出来。"

人们往往认为，这种工匠技艺停滞不前，没有发展。但学徒制所创造的环境在一个适当的传统中鼓励着实验与创新。肯·亨特回忆起他早期参观博物馆的情景，他欣赏并惊叹于过去的杰作。

　　良久，我站立在一件作品前，目不转睛地注视着它，惊叹于它是怎样完成的。有时，我在那里逗留得如此长久，以至于工作人员开始用怀疑的眼光看着我！我着迷于金属制品上的全部工艺，尤其是黄金镶嵌的工艺。我终于创造了自己的方法：在钢的表面上刻上纵横交错的线条，从而加固镶嵌黄金时的附着力。⑱

无法想象的是，像肯·亨特这样的工匠会浪费材料、误操作与毁坏工具和设备。所有这些都融会于一个整体，它体现在一种传统的学徒制中。它也是一个过程，凭借这个过程，人们就可以用非常实际的方法学会选择合适的材料，处理这些材料，并且使这些材料被加工成型于一种创作的过程。这个过程把手、眼和脑联系在一起，从而成为一个有意义的和富有成果的过程。它体现了"在干中设计"的工作方法，其中，工作中的概念因素融入了整个劳动过程。

学徒制起到的作用是，开发各种规划和协调的重要技能，产生出处理各种材料的惊人能力。圣保罗大教堂令我感到惊奇的是，即便使用现代手段管理工程项目，即便使用现代的材料处理技术，我们也可以质疑，今天有谁能建成这座大教堂？即使我们能建成，在 17 世纪那种起重设备有限的情况下，怎样把各种建筑材料安置到位？这是艰巨无比的任务。

那些建筑者们的学徒经历，使他们深深地感到整个机器是一个操作系统，浓缩了在第三章中提到的那些伟大磨坊技师的渊博知识。的确，随着泰勒制的引入⑲，学徒制体现出的几乎就是它趣闻轶事的层面，是人们茶余饭后消遣的话题。但这不是我们的重点，我们的重点是学徒制产生了在前一章中描述的那些才能。

训练这个词与丰富性和能力相反，它非常适合于当代语境。在能力传输方面，我自己有一个动词等级系统是这样的：对于机器人是编写程序，对于狗是训练，但对于人类来说，是提供教育。训练提供的是狭窄的和过于专一的能力，这种能力一般为机器、系统和程序软件所特有。随着技术变革速率的不断提高，应对某种具体的机器或系统所需的知识或许两年之内就被淘汰。受训者则受到了损失，还需要再接受训练。在训练中传授的大部分内容只不过是社会疗法的一种形式。你不是让人们服用安定，而是给他们提供训练课程。应该质疑的是，你除了略微改善了失业状况以外，是否还提供了别的东西。

"训练"经常隐藏着冷酷的欺骗。在城市破旧的居民区，单亲家庭的妇女在接受训练课程时，被诱导相信，如果她们能够鼓捣 BBC 微型计算机，她们就成为信息技术专家了，于是跨国公司就会来敲门，向她们提供工作。这完全误解了在真实世界现有的各种活动所需要的各种层次的技能，而获得这些技能的方法也是训练所不能及的，诊断技能尤为如此。

有些公司拥有能力很强的培训官员，他们自己拥有真正的相关知识。我在这里指的是一批新的"培训顾问""培训协调员""培训推广人员"和"培训规划人员"。他们似乎相信，"培训"是孤立的活动，它超越了其他全部的专业知识。我曾经遇见过一些培训官员，他们似乎相信，如果你培训过拉布拉多猎狗找回猎物，你也可以培训核物理学家。如果你培训过餐饮从业者怎样炸面包圈，你也可以培训他们设计罗尔斯—罗伊斯航空发动机。毕竟只是训练嘛！因为这些人没有相关技能的知识，所以他们是专横和傲慢的。此外，由于他们有权拨款，他们经常能够把自己荒谬的想法强加给能够提供丰富开发环境的人们。

68　　使用这种"提供培训的人员"有双重的缺陷。他们不知道他们正在做什么，但却能得到过高的报酬。更重要的是，他们阻止那些确有技术和知识的人享受那种传授技术和知识的体验，阻止他们获得传授技术和知识给后代的尊严。在这方面，某些由改革型的地方政府建立的"素质培训计划"尤其令人生厌。

"培训"和技能的摧毁

我见过所谓的培训顾问和协调人，他们对建筑全然不知。当他们外出时，乘坐专职司机驾驶的汽车到建筑工地去，为的是决定是否让熟练的建筑工人招收受训者，并且询问这些熟练工人，他们以前是否也学习过这些小型课程，这些小型课程的组织者是否也是像他们这样的"培训者"。事实是，这些工人早就在数年间把他们的技能传授给徒弟了，而且把这些徒弟培养得能做实际工作，而不是撰写冗长、乏味和无关紧要的报告。但培训顾问和协调人觉得工人们做的这些工作都不重要。他们坚持要有一个长篇报告，其内容却贫乏而又初级。这些报告有许多页，其中列出的工具是受训者需要学会使用的。有许多页陈述了"受训者要学会使用扁锉、方锉、圆锉、半圆锉，还有三角锉……"一直到能想象出的锉刀形状全部列出为止。其他的工具套件也必须列出来，因此这些本本主义者们，他们现在称自己为培训者，他们满足于准备大量的报告，他们搞出了一个"素质计划"。理由是所有这一切都是必要的，因为人们对情况一无所知。这真的就是《从不在乎品质》和《感觉宽度》（两部英国电视情景喜剧——译者）中的一个极端的例子。但是，真正有技能的人可能只会简单地说一句："年轻人有能力使用这个行业的各种工具。"

一位"培训顾问"确实向我保证过，她曾经"设计过一个建筑课程"，为的是用一年时间培养一个建筑师。这是一件特别离奇的事情，因为她从来没有接近过建筑行业，对其中的技能、要求或实践也是一无所知。据透露，她说的根本不是建筑师，而是能干一点砌砖的人。建筑师应该能够建造一栋完整的房子，就像过去有技能的建筑师所做的那样，而且在乡村地区现在仍然是这么做的，这些常识完全超出了此人的经验和期望。正是因为这些经过系统训练的所谓建筑师，我们在英国才有许多失败的建筑，这些建筑导致了糟糕的生活条件和事故，因此不得不推倒重建。像这样的新课程摧毁了工匠的技能。

他们还有一个观念是，这种课程应该是"科学的"，这些所谓的科学方法被认为是无比重要的，比"干中学"重要，也比与内行人一起工作从而获得知识重要。有一次，一组技术工人群体还不得不学习"项目管理"课程。该课程的内容是项目描述、项目环境规划、工地现场准备、材料采购、需要的特殊工具、要依次采取的步骤和项目成果的评估。即使是"修理水龙头"（更换密封圈）这样的项目也必须经历这种程度的抽象。

两个小时的课程就是闲扯。有一个听课者是船舶工程师，他修理过高压和低压、气压和液压阀门，他说，这些"理论"把他搞糊涂了，以至于他开始怀疑自己还能否修理水龙头了。他说，他在撰写冗长乏味的修理报告时，遇到了巨大的困难。他在几秒钟内就能更换一个密封圈，但讲师认为这无关于他成为培训师的资格，而讲师本人的专业背景是餐饮。

这种培训背后的整个态度说明，即使是"进步的"地方政府也把权势给予管理人员和官僚，让他们处于做实际工作的人之上。当他们谈到歧视和机会均等时，他们肯定很少把均等的机会给予体力劳动者和那些拥有丰富实际经验的人。我知道一些情况，有一位技术熟练的木匠为了一个培训师的工作职位去面试，他从事的行业正好符合要求，每个问题他都回答了，而且绝对正确，但非常简明。专家小组的判定是"说得太少"。后来，他们又面试了一位社会学家，此人对相关的技术一无所知，从来没有接近过这个行业，但可以闲扯一些知识习得的理论，这就给专家组留下了深刻的印象。这位社会学家得到了这份工作，结果是一团糟。这又一次突出了语言能力和胜任实际工作之间的混淆。

第五章
潜在性与实在性

潜在性

那些推动科学技术进步的人们频繁地受到崇高的动机所推动，显示出真诚的愿望去改善那些受到他们创新影响的人们的生活质量。1642年，帕斯卡设计并制造出第一台真正的机械计算机。他宣布，他奉献给大家一台他自己发明的小型机器，你一个人就可以用它毫不费力地进行四则运算，它可以把你从经常让你劳神的、用笔计算的工作中解脱出来。在这种情况下，谁会怀疑帕斯卡的动机呢？

那些在计算机辅助设计领域有所创新的人们，他们的动机也同样值得赞美。汤姆·迈尔教授和他在斯特拉斯克莱德大学的同事们乐于看到的是，计算机用于使建筑设计的决策过程民主化。亚瑟·卢埃林是英国计算机辅助设计领域的顶级专家，他反复地确认，计算机不应该被用于淘汰设计师和绘图师，但可以作为工具减轻他们的负担，使他们更有能力承担创造性的任务。

遗憾的是，在科学技术创新的历史，充满了两种相反的情况，一个是学者或研究者以奉献的精神追求社会所希望的目标，另一个是生产资料的拥有者们在实用层面上对技术所做的独出心裁和见利忘义的开发利用。由此我发现，在人们做出努力的许多领域，有一个明显的鸿沟存在，它把技术可能提供的东西和技术已经提供的东西分隔开来，前者是技术的潜在性，后者是技术的实在性。

因此，人们对现有各种技术做出价值判断时有一种的趋势：判断的基础是技术可能实现的结果，而不是技术在现有的经济、政治和社会框架内已经实现的和它们有可能继续实现的结果。因此，那些没有计算机辅助设计经验或者对其处于感叹阶段的人，对计算机辅助设计系统，他们往往显示出更为正面的态度，这一点和那些与该系统共同生活了一段时间的人不同。与此类似的是，计算机辅助设计系统的专家们对气氛相对冷静的大学中的科研项目怀有真正的热情，分享这种热情的是设计者，因为设计者面对的是跨国公司高压所产生的后果这一严酷的客观实在。

学术界近期关注的是，如果我们没有正确地理解这个历史衔接点，我们很可能去追求一种技术进程。这种进程永久地关闭了一些选择，使人们不能选择更为人性化的并满足脑力劳动领域内的各种组织形式，我们过去已经在工匠技艺领域做过这样的选择。在计算机辅助设计系统领域内，人们仍然可能对这些选择缺乏认知。但是，我们也仍然有时间而且也确实有责任提出质询，质询对这种技术的盲目推动，因为这样的推动有可能意味着我们将看到：异化程度越来越高，人们对工程设计工作的成就感越来越低；伴随这种情况的是，操作者或设计者成为机器或计算机的附属物，还有泰勒制的狭窄的专门化，从而导致设计技能的碎片化，设计工作本身的那种整体视野也就丧失了。结果，标准化程序和优化技术严重地限制了设计者的创造性，因为主观的价值判断会被"客观的"机器决策所主宰。换言之，设计工作中的定量因素将被视为比定性因素更重要。已经有证据表明，以所谓效率为理由引入计算机辅助设计，会导致设计工作的去技术化，导致工作职位不保，对年长的男性尤其如此，他们已经屈从于结构性失业了。

为了分析为什么会出现这些矛盾，有必要把计算机视为一个技术连续统一体的组成部分。当高资本设备被引入到任何一个不论是脑力还是体力的工作环境时，它的后果就来临了。同时，这种分析还必须在经济学、社会学和政治学的语境中进行，因为技术是出现在社会中的。

指标

如果在设计（脑力劳动）和工匠技艺（体力劳动）之间做比较是合理 73
的，那我们将越来越多地发现如下的强势指标：

a. 在人员倒班工作或系统超时工作的情况下，操作者（设计者）就要从属于机器（计算机）的要求，以抵抗机器废弃率的增长。

b. 重视以机器为中心的系统，而不是以人为中心的系统。

c. 标准例行程序和最优化限制了设计者的创造性。

d. 设计者的主观价值判断被系统的"客观"决策所主宰。也就是说，设计中的定量因素将被视为比定性因素更重要。

e. 设计者在工作中被异化。

f. 设计活动从真实的世界中被抽象出来。

g. 随着整体视野的丧失，设计技能出现了碎片化（过于专一化）的现象。再加上泰勒制和其他"科学管理方法"的引入，甚至发展到了给脑力劳动表现评级的地步。

h. 设计功能的去技能化。

i. 工作速度加快，因为设计者的步调受控于计算机。

j. 压力增大，包括心理的和生理的。

k. 人们对工作环境失去控制。

l. 工作职位越来越不保，对年长男性尤其如此。

m. 知识的废弃。

n. 设计师群体的无产阶级化，原因是上文指出的各种趋势，其结果是拥有工会会籍的人数和产业职工中的激进分子人数的增长。

实在性

74

在利润取向的社会，计算机辅助设计系统和高资本设备一样，也有那种由报废率不断增长所产生的矛盾，也就是固定资本寿命越来越短的矛盾。精密完备的计算机辅助设计系统现在大约三年就报废了。此外，生产资料的投资成本在不断地增长，这种情况与个体商品的价格不同。设备的报废率显然是按照分钟计算的，因此，它需要巨额的资本投资，这种设备的拥有者是雇主，他们力争每天24小时地充分利用这些设备。在车间里，这种趋势长久以来一直是明显的，倒班工作的影响已经记录在案。同样的问题也开始在白领中出现。①

早在20世纪70年代初，工程师和技术管理监督部门联合工会与罗尔斯－罗伊斯公司就有一个重大争端，它耗费了该工会25万英镑。在公司强迫在布里斯托工厂的设计人员做到的若干事情中，包括接受如下条件：

1. 接受倒班工作，以便充分利用高资本设备。

2. 接受量化的工作评价技术。

3. 把工作分割成最基本单元，并为这些单元设置时间限制，作为衡量工作表现的标准。

在这个具体的实例中，劳工方面阻止公司强加这些条件。但是，公司不断加大力度把这些条件强加给白领。

不论这些白领是技术人员、管理人员还是文员，他们都工作在一种与计算机设备高度同步的环境中，雇主力保他们工作中的每一个单元都满足这个过程，而且是精准地按照所要求的时间。例如，一位数学家将发现，他自己必须按时把计算结果准备好，就像福特汽车公司的工人，必须在装配线上的汽车经过他时把车轮准备好一样。结果，在白领的工作领域，技术变革和计算机化程度越高，白领们就越被无产阶级化。倒班工作的结果将殃及白领们的家庭、社会和文化生活。

在西德的一项调查②表明，倒班人员的溃疡发病率比其他人员高8倍。

> 在做夜班和倒班工作的人员中，有很高比率的人报告称，他们在大部分时间都处于疲劳状态，食欲不振和便秘。

> 他们最频繁提及的困难是夫妻关系，因为配偶晚上不在家，所以性生活也发生困难。如果是妻子上夜班，她就难于履行家务。

倒班工作似乎也损害了家长和子女的关系。

我援引这些内容并不是对核心家庭作任何判断。我只是说明，技术产生的影响遍布社会的各个方面，它影响着我们的生活方式，也影响着我们与他人的交往。

对家庭以外的社会生活的干扰也非同小可。有一次我去伦敦西区的一家房地产公司，有几个数学系的毕业生在那里工作。他们曾经参与过羽毛球运动和当地歌剧剧社的活动。当这家大公司要求他们到计算机系统倒班工作后，这些活动也就完全中断了。

因此，实际上，可以有根据地说，白领的工作也远非是人性化的，高资本设备摧毁了体力劳动者的生活质量，它也正在摧毁脑力劳动者的生活质量。③

视频显示装置

办公计算机化的趋势减少了纸张用量，也导致了系统的"信息密度提 76 高"。微缩图形系统是计算机系统的常用外围设备。现在到处都可以听见人们在抱怨视觉疲劳、眼睛不适、阅读困难和长时间保持一种姿势所产生的疲劳。奥斯特贝格描述过这些困难，那是在一篇重要的论文中，其中还包含了84条参考文献。④

对于微缩图形系统的使用者来说，给年长者带来的影响是重要的。一个16岁的人视力一般是正常的，可调节的屈光度约为12，这时最近视点为8厘米。到了60岁，视力的调节能力就剩下一个屈光度了，其最近视点是100厘米。因此，雇员到了50岁就被认为有视觉缺陷，不适合长期使用这些系统工作。工会和健康与安全代表越来越强烈地要求这种系统的设计必须适合大范围的年龄跨度，在瑞典尤其如此。这些要求属于工人们主张的组成部分，在国际范围内工人们越来越强烈地主张，在设计系统时必须考虑他们的工作状态、工作场所和更大范围的工作环境。

到1980年，大约有500万到1000万个视频显示装置在使用当中。它们在具有相当规模的办公室中是非常普遍的。即使如此，它们所引起的争议仍然在继续，争议涉及的是它们对使用者的影响，尤其是有低水平射线的释放。这个争议已经持续了 20 年。1968 年，有 100 多名欧洲专家在一次会议上得出结论，使用视频显示装置工作 8 小时会引起疲劳和头晕，在一些极端的病例中，会引起幽闭恐怖症。会议劝告使用者要多休息。⑤

1976 年，美国的一项报告得出结论，根据测量结果和现行标准，再加上现有的生物学效应知识，视频显示装置没有显示出任何射线对眼睛产生的职业性损害。⑥1985 年，在斯德哥尔摩举行了一次会议，与会者 1200 人，会议报告指出，科学家们经过再次考察接受这样的说法：视频显示装置的操作者遭受着各种疼痛和突发性嗜睡。

有些工会，如英国科学技术和管理工作者协会已经与个体雇主达成协议，视频显示装置的操作者如果怀孕，就要调换工作。瑞典工会还规定了假期和对全体操作者的保护措施。⑦重新设计这些设备则是更重要的。英国工会对此越来越关注，有许多工会还为装配和使用视频显示装置制作了检验单，是根据国际商业文秘和技术雇员联盟的推荐制作的。他们推荐定期眼科检查的时间间隔是 6 个月，明文规定了屏幕上字体的亮度、尺寸、形状、字形以及高度和宽度之比，还包括了室内照明。

很少有人研究视频显示装置使用者的主观感觉。例如记者，他们抱怨这种设备使他们感到孤独。⑧纽约花旗银行的管理人员使用着电子办公系统，他们在使用先进的管理工作站时，认为其软件是"怀有敌意"的。人们后来又重新设计了工作站，其指导思想是，保持现存的步骤不变，建构一个它们的电子模拟。据说，这种方法可以让使用者的接受能力大大提高。⑨

据报道，有组织的职工们的反映更为剧烈。在挪威，国家环境保护局的工作人员向管理当局阐明，他们会禁止公司购买的一些终端设备，因为这些设备只能以"单向"的方式操作，不能对人的需要作出反应。他们指出，这样的系统具有一种不民主的固有本性，所以是不能接受的。

由于这些行业职工的集体力量大，所以雇主就购买了另一种终端设备。可以想象，在任何情况下，这些职工都拥有宪法赋予的权利坚持这种变更。

挪威有一项法案已经实施了 7 年，它要求雇主给个体雇员提供"完善的合同条件和有意义的工作"，"个体雇员应该有自决权"，"每个雇主都将以合作的态度向全体雇员提供充分满意的工作环境"。⑩

泰勒的科学管理

78

与体力劳动一样，脑力劳动的非人性化也是以任务碎片化为中心的。经过碎片化的任务，其范围十分狭窄，从而被异化了，并且以分钟计时。这种"科学管理"的本质，就是把职工降低为盲目的、没有思想的机器的附属品。自相矛盾的是，泰勒的科学管理方法是应用于车间的，对办公室的工作人员的脑力劳动最初是有所加强的。泰勒在他撰写的著作《车间管理》中解释说，他建立该系统的目的是"在整个工作场所中的脑力和体力劳动之间建立清晰的分割和新型的分工，其依据是对每个孤立工作的工人其工作时间和动作做精确的研究，并把原属工人工作中的脑力劳动部分完全交给管理人员"。

对这些危险情况的及时警告来自 19 世纪的几位作家。"分割一个人就是谋杀一个人，分割劳动就是谋杀一群人。"⑪

劳动分工和效率的概念起因于人们通常对亚当·斯密的联想。⑫ 事实上，亚当·斯密明确而具体的论证早在他之前的一个世纪就被亨利·马丁预见到了。⑬ 但是，劳动分工的基本概念与西方哲学和科学方法论如此地交织在一起，以至于可以上溯至柏拉图，当时他在为理想国的政治制度论证时，就是基于经济领域的行业划分优势。

如果你把人仅仅当作生产中的一些单元，而且你关注的仅仅是最大限度地从他们身上榨取利润，那么劳动分工和技能碎片化绝对是经过合理算计的。当然，从这个前提出发，它不仅具有合理算计的性质，而且也具有科学性。去技能化的规模及其本质加上这种科学管理已经被布雷弗曼用图表的形式描绘出来了。⑭ 这种去技能化已经延伸至脑力劳动领域。有一位研究者考察过瑞典银行中自动化的影响，他说，"自动化程度的提高把曾是小银行家的出纳员转变为自动提款机了"。⑮

79   在为这些情况辩护时，人们或许可以这样论证：至少在与计算机相关的"职业发展领域"，有些职工工作涉及给机器发出指令，因此他们的技能和创造性应该得到发展。这种想法完全没有理解把**所有**工作去技能化的历史趋势。随着结构化编程破除了专用软件生产的普遍（如果是短暂的）传统，编程本身就被降低为例行的程式，"去技能的实施者被去技能化了"。⑯

      这种科学管理就是使工作碎片化，包括工作场所中的所有工作，甚至还包括最具创造性和满足感的手工劳动，如工具制造。此外，我们现在同样正在经历着非手工劳动的碎片化过程。

      到了 20 世纪 70 年代，大多数行业的实验室、设计部门和管理中心都成了庇护所，概念性规划和行政工作在这里得到庇护。在这些地方，工作成果的激励因素是奉献精神，是兴趣，是贯穿整个工作过程的满足感。包括作者在内的观察者提出警告，这种局面马上也要结束了，因为垄断要追逐利润的提高，它把"理性算计和科学的"方法引入这些更具自我组织性质的并且运行相对容易的领域。在一些行业雇用的科学技术和管理人员达到全体雇员的 50% ～ 60% 时，这种客观的环境就已经被设定了。

      科学不再是绅士的业余爱好，而是融入了生产过程。显然，这种情况越多，成为纯粹劳动力的科学家和技师就越多。有人曾经指出，像计算机这样的高资本设备让科学家和技师使用，他们的工作节奏就由机器决定了。他们的脑力劳动从而也就分割为程序性的任务，对工作的研究也就被用于设定精确的时间使得人机同步。

      这些科学家和技师，尤其是在计算机领域的，把这种观点视为笑谈。其实，他们应该好好地听从劝告，回想他们的行业之父，即计算机之父查
80 尔斯·巴贝奇，他对此问题的论述。早在 19 世纪 30 年代，他就预见到在脑力劳动中实施泰勒制。在题为"论体力劳动分工"的一章中，他明确指出："我们或许已经涉及了对于我们的某些读者来说是悖论的内容，这就是，劳动分工也同样成功地应用于脑力劳动，就像应用于体力劳动一样，而且劳动分工在体力劳动和脑力劳动两个领域都确保了在时间上是同样经济的。"⑰

肢体动作元素和心智动作元素

尽管有上述这些警告，尽管白领们罢工抗议在办公室使用秒表，上述那些预言仍然大都被视为危言耸听，也就是被视为那些老道的工会领导人为招兵买马而发出的危言耸听，或者干脆被视为谬论。他们的回应经常是："反正度量脑力劳动的那一天终将来临。"遗憾的是，这一天比许多人的想象距离我们近得多。1974 年 6 月，在《工作效率研究》中发表了一篇文章，题目是《脑力劳动的分类和专用词汇》。它显示出在这个方向上取得了很大"进步"。该文对体力劳动分级的认定是工作职位、操作、单元和肢体动作元素，之后该文指出：

> 这些基本概念中的前三个既适合于体力劳动也适合于脑力劳动。最后一个概念是肢体动作元素，是体力劳动中特有的概念。所有体力劳动的单元都是由少量的基本肢体动作元素构成。吉尔布雷斯首次对这些动作做出了规定。肢体动作元素（therblig）这个词就是吉尔布雷斯（Gilbreth）这个人的名字经过更改其字母顺序构成的。这个词由吉尔布雷斯规定，后来经过美国机械工程师协会的修改并载入《不列颠标准词汇表》。类似地，如果把脑力劳动的单元分解为心智动作元素，这种逻辑模式也完全成立（心智动作元素的英文是 Yalc，它是 Clay 一词经过更改字母顺序构成的）。

该文描述了怎样把心智动作元素归类为输入、输出和处理心智动作元素，还描述了怎样把其中的每一个动作再细分为基本的心智运作。该文甚至做了这样的区分：有两种"看"，一种是"看见"，即被动地感受视觉信号；另一种是"寻视"，即主动地寻找视觉信号。类似地，也有两种"听"，一种是"听见"，即被动地接受音频信号；还有一种是"留心听"，即主动地寻找音频信号。该文表明，这些技术将被用于脑力劳动更为简单的方面。但它得出的结论是：

我们力图说明，工作效率研究可以有效且实际地应用于脑力劳动；基本的心智动作是存在的，而且只要人们没有过于深入到更为复杂的、例行的心智程序和流程之中，这些基本的心智动作就能够以一种有意义的方式被识别和分类。一组已经被识别、描述和规定的心智动作是未来用于工作度量研究的基础，从而可以编排出各种时间标准。这些时间标准能够在未来很好地在工作效率研究中起到宝贵的作用。

但是，这些技能显然是肯定将深入到更为复杂的、心智的例行程序和过程中去，就像具有高度创造性的体力劳动的技能一样。不论人们把这种类型的研究是否视为伪科学，对它将怎样被有效利用却很少有疑问。科学技术人员和管理人员的雇主，包括某些类型的经理人员，他们将视这种研究为一种强烈的心理威胁，因为这种研究的目的是为了把受雇于他们的脑力劳动者铸造成"智力生产线"。也许正是对这种策略重要性的认知促使受雇于通用汽车公司的心理学家霍华德·C.卡尔森说出了这样的话："计算机属于中层管理，而装配线则属于按小时领取工资的工人。"[18]

"客观的"科学决策

把计算机当作特洛伊木马使用是为了在经营管理和科学工作领域中实施泰勒制，而大学也不再是非异化工作的庇护所了。那些从事实用科学和纯科学研究的学者将高兴地知道，效率和优化的一些重要问题的决定因素将不仅留给社会学家的主观闲谈或者留给政治经济学家迂腐的意识形态。科学的全面分析能力和中立性，还有数学方法中的具有穿透性的逻辑已经付诸应用，它们将毫无疑问地产生出一个完整的和"客观的"解决方法来解决大学的效率问题。例如，利用工厂的模式来优化大学的综合技术生产率，这个想法已经被认真地提出来了。具有讽刺意味的是，开发出使工作妖魔化的科学管理生产系统的人们，他们马上也要成为这些压迫性技术的牺牲品。标题为《商务管理学院是一种生产系统》[19]一文就表明了这个普遍趋势。这篇文章使用了一些术语来描述采取工厂模式的学术特征和学术活动。它强有力地说明了其中的指导思想。

因此，招生被认为是"材料采购"，招聘教师被认为是"资源的规划和开发"，教师从事的科研与进修被视为"物资采购"，"教学大纲"被视为"工艺设计"；考试和学分授予被视为"质量控制"，教师评价被视为"资源维护"；而毕业则被视为"交货"。教授和讲师当然就是操作者了，就像在车间里工作，只有发挥作用的操作者才会被承认。我们也许要问，对什么发挥作用，对谁发挥作用。

管理者对效率和胜任的定义使得大学里受到珍视的学术自由，不论是真正的还是想象的，都非常容易受到损害。在不太遥远的将来，许多教职员工很可能发现他们自己为了提高效率成为这一过程的附属品，就像在车间工作的工人一样。为了理解其中真正的"科学"，我们可以研究若弗里翁、戴尔和弗莱伯格的方案，《多重判断最优法的互动研究以及在学术部门运作中的应用》[20]他们使用著名的弗兰克—沃尔夫算法并且提出，多重判断问题可以简化为如下表达：

> 最大化 $U[f_1(x), f_2(x) \cdots\cdots f_r(x)]$，使其满足 $x \in E$，其中 $f_1 \cdots\cdots f_r$ 为 r 个决策矢量 x 的不同的判断函数。x 是一组数目有限的可行性决策，而 U 是决策者总体的偏好函数，它受到判断值的规定。

用大学里的一个具体的系作为例证，他们为它规定了六个判断。前三个是该系提供的课程数目，包括研究生、低年级本科生和高年级本科生的课程。判断四为助教们的教学时间，用来支持教师的课堂教学。第五个判断是教师在本系教学工作的工作量，用课时数目度量。最后是判断六，是教师在教学以外的工作量，比如科研工作、解答学生咨询和少量的行政工作，这些也是用课时数目度量的。

有些专用词汇，如"课时""教学负担"和"教师业绩"，这些词汇的使用贯穿整个过程。这就意味着，不论是谁对判断做出决策，教师所承担的各种不同的工作量必须用精确的时间长短来度量，因此这与工厂中对工作的度量并非没有相似之处。毫无疑问，必须把这些时间标准输入计算机模型中才能获得客观的评估。

然而，尽管有数学客观性的外表，但这些所谓的决策者，是他们的判断决定着 U 函数，而他们的判断却是主观的。因为这种决策者是行政管理人员，而不是科研教学人员，所以科研教学人员将失去对自己工作环境的控制。例如，如果教师被计算机告知用于教育或科研的时间过长，或者经过优化程序（优化程序是一个函数，不懂数学的人称其为"解雇"）处理后被归为冗员，这就值得人们反思，是 U 函数在起主导作用。

在促进效率的过程中，华盛顿大学制备和开发了教师工作的综合分析方法。[21] 其中，用于每项教学活动的时间百分比是必需的。在大学中的所有活动，不论是定期的还是非定期的，都要精化并编制成代码。例如，代码 501 代表不定时的教学活动，包括参与论文委员会、与同事讨论教学、在其他教师的课程中的客座讲座以及在单位内部举办研讨会。每项活动都受到非常精确的规定，就像在工厂一样。在代码"特殊学术项目"下列有部门研究、得到赞助的研究、撰写或开发研究计划、写书写文章等。在代码"一般学术项目"下，我们发现了阅读与专业有关的论文和书籍、出席专业会议、与同行讨论和研究相关的问题以及为同行的著作撰写书评。

一些后果

有些学者希望，这些项目更应该满足教育的需要，而不仅仅是生产率的需要。但许多人感到这些项目的结果是各个部门都在萎缩，就像在纽约城市大学的情况一样，那里有 700 名教师被解雇。[22] 在美国，这些做法正在迅速地传播，就像近期的拨款所显示的那样。在加利福尼亚州立大学及学院，一个"专业发展中心"建立起来了，它接受的拨款为 341261 美元，拨款来自华盛顿的"后中等教育改善基金会"。毫无疑问，在这里使用"改善"是什么涵义。

但是，增长了的生产率所产生的后果不仅是上述的加快工作节奏、失控和工作职位不保乃至于冗员等，它还产生了一些传播得更广、更深入的后果，对人的创造性的影响往往是很大的，因为所有优化步骤的核心概念就是单一化。

有一个生动的例证说明，避开这种限制过多的单一化是必要的，这个例证是百代公司设计的头部与身体的 X 射线扫描仪。约翰·鲍威尔博士是百代公司的总经理，他在科学技术遴选委员会作证时指出，扫描仪的开发使用了尚未分配的资金，是光学字符识别研究工作的副产品。鲍威尔博士说，如果扫描仪的发明者"按照合同局限在一个既定的目标上做研究工作，那他发明的只是另一种光学字符识别机"。

戈弗雷·霍斯菲尔德博士是扫描仪的发明人，他因这项发明获得了 1979 年诺贝尔医学奖，他在谈到自己长时间散步的习惯时说："我发现，这是一个发生灵感的时刻。灵感就起源于漫步之中。"他还说："当我看到那台机器运转良好时，我感到舒心。"㉓　85

科学技术的进步尽管具有解放的潜力，但它也带来了强有力的控制和专制的组织形式。当然，已经有人提出，"控制"和"生产率"都是激励技术变革的因素。㉔但也有些研究者指出，早在 50—60 年代，计算机就加强了雇主对雇员的专制型的控制，并增强了对雇员的强硬态度。㉕

一位作家刚刚结束了国际商业机器公司的计算机训练，他简明地描述了这个过程：

现在，一个操作系统就是一款软件，在功能上被设计成做某项具体工作效率最高，是吧？我逐渐地明白了，某些令人反感的文化假定也不分青红皂白地被引入 IBM 软件。那些潜在的、有说服力的假定似乎是逻辑的自然产物，是吗？

全部系统就是一个完整的极权主义的等级系统。操作系统主管着计算机的安装。首长和最具特权的因素是那个"监督者"。它永远居于主要储存器的最资深的位置，通过它的奴仆控制整个运作。从上到下是一套官僚型的机械系统，包括职责管理程序、任务管理、输入与输出的时序安排和备件管理等。整个系统被设计成一个严格控制的、集中的等级系统，随着机器的更大更强，操作系统也就膨胀起来，并且获得了更多的能力。

有一位讲师滔滔不绝地比较着操作系统的各个部分和公司不同等级的职位,这些职位包括主管、高层管理、中层管理、工头和普通工人。事实上,整个 IBM 公司专门词汇中也充满了等级观念,如主文件、高层语言和低层语言、控制器、调度器和监视器。^㉖

还是那位作家,他随后总结了中心化操作系统的一些矛盾。这与我自己的发现是紧密吻合的,我也调查了计算机辅助设计这个领域的矛盾。他总结道:

中心化操作系统的缺点有许多。它是一种限制性和保守的力量。对于计算机系统来说,在某个时间点上,有一系列的可能性被选择,而且有某种变化介入到系统的恢复。它把服从强加到编程的方法和思想之中。还有一句话引自美国国际商用机器公司(IBM)的一位讲师:"永远遵守系统提供的内容,否则你可能会有麻烦。"这段话惊人地恰当。中心化操作系统通过一个步骤把计算机系统神秘化了,这个步骤是:把一些至关重要的功能加入到软件包内,而软件包则超出了应用工程师的控制和理解,甚至把软件专家和其他编程人员之间的分工也引入专用的数据处理范围内,从而加强了这样的理念:我们并没有真正控制我们使用的系统,只能做一些系统允许我们做的事情,我肯定这个说法我们中有许多人都使用过。这样产生出的系统的顶层似乎很沉重也很复杂,这种情况是荒谬的。让某个中心控制所有的环节,这样做似乎强加了一个巨大的压力。

第六章
新技术的政治含义

男性 / 女性的价值

尼尔斯·比约恩·安徒生和他在哥本哈根经济学院信息系统研究组的同事们一道，把他们的计算机化共同研究项目命名为达芙妮工会。

这个名字在丹麦文里是一个词首字母构成的缩略词，但它却拥有深刻得多的意义。你也许还记得，在希腊神话里达芙妮是一位仙女，她是河神珀纽斯的女儿。我们如今认为的那些历史上确定的女性性格，如感性、主观、韧性和同情心，在她身上都有体现。

阿波罗追求她。阿波罗体现的是男性性格，即所谓的逻辑、分析、理性和客观。因此，我们完全可以说，阿波罗是计算机之神。

当阿波罗没能获得达芙妮的青睐时，他使用了男性的逻辑："力量才是硬道理"，决定用力量征服达芙妮。

在阿波罗就要强奸达芙妮时，她求助于令人敬畏的大地女神盖娅，大地立刻就裂开了，达芙妮消失在其中。在她曾经站立的位置上，生长出了一棵月桂树。

比约恩·安徒生认为，男性价值强奸科学技术的时间已经足够长了,因此他指出:"我们选择达芙妮这个名字是很自然的。"

西方科学技术的重大难题之一是,那些被历史定位为男性价值的因素已经注入科学技术之中。其实都是白人男性武士的价值,即崇尚以强力和速度凌弱,征服对手,统领男性组成的庞大军队,军人们服从武士的每个命令。武士做出的决策是逻辑的、理性的,并且会走向胜利。如果情况局限于此,就很少有达芙妮的位置了。

88

计算机系统被频繁地当作烟幕来使用,为的是在它的掩盖下引入一种歧视女性的手段,也就是对工作职责的评估手段。由于工作的碎片化,所以可把细碎分割的功能塞入系统等级的低层从而降低工资,使之"适合于"工作职位的等级。给出这些做法的原因具有伪科学的性质。工业领域中的这些做法我经历过,它们往往被频繁地使用,为的是强化女性薪酬和机会的不平等。这些做法之所以得逞既是凭借一种暗示,即暗示经过碎片化的工作属于女性,也是凭借了结构性措施和招聘手段来确保其得逞。当然,这种情况不会公开地讲出来,因为存在着性别歧视立法的监督。但这种情况仍然会发生,例如,女性被招聘来是为了输入预先确定的数据,而职位更高的工作是提供给男性的。

当我们查阅 1983 年中六个月的过期的计算机杂志时,有 82% 的广告图片里有一位女性在设备旁边,摆出一副怪诞的、与使用计算机无关的姿势。这种情况持续地出现,甚至在一些最严肃的杂志,女性都被视为玩物,是用于装饰的摆设。

情况还不只于此,那些阅读这些杂志的人,他们通常并不注意这种生硬的安排,除非向他们指出。因为他们一般都习惯于接受女性这种服务性的角色,但在管理的角色中,就缺乏女性。即使女性自身通常也看不到其中有什么不可接受之处。

技术的变革缺乏一些价值,如感性、主观、韧性和同情心。如果更多的女性进入技术领域,而且没有模仿或迎合男性,而是挑战长期曲解女性的"男性"价值,那就是对社会的巨大贡献,也是对科学本身的贡献,使得科学更体贴、更宽松、更紧密地结合社会和顺应社会。

89

女性必须斗争,不仅是与传统形式的歧视作斗争,更要与那些更具迷惑性的、以科学面目出现的歧视作斗争。然而，即使到了 1987 年，在那些围绕计算机设备重构的科学、管理和医疗职业中，尽管各个行会接受了女性在其中工作，但这些行会甚少表现出真正理解了这个问题的本质和规模。我们所能做的事情就是，改变我们对这些"男性"和"女性"价值的态度，停止把客观性置于主观性之上，把理性（数学的）置于意会（有些事情我们知道，但说不出来）之上，把数字表征置于类比表征之上。

科学是中性的吗？

马克思主义者批判资本主义社会往往集中在分配的矛盾上，至少自从世纪之交是如此。但这样做的失误在于，虽然他们处在当今的技术先进的社会，但却把分析完全集中在生产的矛盾之中，而很少考虑科学技术。

这种不合时宜的现象很难说是马克思本人有片面性。《资本论·第一卷》的核心内容就是劳动过程的本质和"对资本主义生产的批判性分析"。在这方面，马克思表明，随着资本的积累（这是主要动力），生产过程不断地转变。对于体力和脑力劳动者来说，这种转变表现为技术不断的变化，它发生在每个行业的劳动过程中；其次，这种转变也表现为职业和行业中大量的劳动再分配。

从那时起，生产的总体发展应该很符合马克思的分析，这显然要归功于马克思的工作。但不要忘记，与现在相比，那时职业和行业的种类是很少的。以科学为基础的各行各业是第二次世界大战之后涌现出来的，马克思的分析如果运用到今天的这些行业，是否适用，是否有效，这个问题引起了大量的讨论。随着科学融入"生产力"，这个问题越来越重要了。在一些大型跨国公司，有 50% 以上的雇员是科学家、技术专家和管理人员。这 90 就以非常实际的方式提出了科学与社会之间的关系问题。

使用／滥用模式

到了 20 世纪 60 年代中期，提出这个问题似乎很难有什么实用的目的。

那时，在对 20 世纪的科学做伯纳尔式的分析中，很难有破绽。在这种分析中，科学尽管融入了资本主义，但二者最终还是有矛盾的。人们感到，资本主义不断地遏制用科学为人类谋利益的潜在可能性。因此，在应用科学技术中所产生的难题仅仅被人们视为对科学技术潜在可能性的误用。科学和资本主义之间的矛盾被视为资本主义没有能力做正确的投入，没有能力为科学做计划，没有能力提供一个理性的框架把科学广泛地用于消灭疾病、贫困和繁重的劳动。

生产力，尤其是科学技术，在意识形态方面被视为呈中性。人们认为，这些力量的发展天生就是积极的和进步的。还有人认为，科学技术、人类技能、知识和丰富的固定资本，这些都是生产力，它们越发达，向社会主义的转型就越容易。此外，科学是理性的，因此，它能够抵抗非理性和怀疑。

经过伽利略革命，科学摧毁了地心说；通过达尔文，科学废弃了关于生命和人类产生的早期思想。由此可见，科学就像是批判性的知识，把人类从迷信的束缚中解放出来，从被精致地转化为宗教的迷信中解放出来，这样的科学所起到的作用是外向型社会秩序的重要意识形态支柱。[①] 在过去的几年，针对这个马克思主义论题的相当机械的解释，人们的质疑越来越多。人们越来越充分地认识到，科学在其自身中体现了许多对社会意识形态的设定，而社会又使科学得到了发展。这种情况产生了对科学中立性的怀疑，就像目前在我们的社会实践中所表现的那样。对这个问题的辩论往往具有一种重大的政治意义。这个问题远远超出了对科学的滥用，它已经延伸至对科学过程本质的更深入的思考。在某个具体的社会秩序中，科学的动向所反映出的就是这个社会秩序的常规和意识形态。科学不再被视为具有自主性了，而是被视为一个互动系统的组成部分，其中内化的意识形态设定有助于确定极具实验性的设计和科学家本人的理论。[②]

未能解决这些问题就意味着，跟随 20 世纪 60 年代的反文化运动而来的 70 年代的反科学运动，并没有超越它最初的和部分的具有负面意义的前提。在这个意义上，科学被视为有害的和极权的，并缺乏对"人类精神"的包容。这种整体的拒绝性质在许多年轻人中间很普遍。的确，在 20 世纪

70 年代早期，美国学生认定为"坏"词里包括核实、事实、技术、统计学控制、编程、计算、客观化和超然。③

不足为奇的是，在这些学生中有许多人选择了文学或社会科学，在这些领域他们感到在人文关怀中有更多的良机存在，有时这是错觉。

我们的西方科学的方法论是以自然科学为基础的。在这个范围各种关系都可以用数学量化。有一种趋势显示，如果你不能量化某事物，它就没有真正地存在。这并非没有政治涵义，因为如果广大老百姓没有能力为自己的判断提供"科学原因"，即使他们的判断是以真实世界的实际经验为基础的，统治的精英们也要用量化来反驳他们的常识。这种情况引起了法国天才的数学家让·路易·里加尔教授的注意，他说："量化是法西斯主义的终极形式。"里加尔对量化的关注在被应用于它所涉及的领域之外更为切题。企图把这种狭窄的、以数学为基础的科学用于有更多的复杂性和不确定性的社会科学和政治活动，会产生出十分严重的扭曲，这是不可避免的，因为量化这种科学方法的本性就是抽象。 92

值得注意的是，那些自己在科学领域工作的人也开始提出了这种问题。因此，R.S. 西佛尔教授说：

> 科学方法中存在着风险，因为科学方法可以从具体的实在中抽象出共同的特点，以便使思想清晰化和系统化。然而，在纯科学领域不会产生有害的影响，因为概念、思想和原则都相互关联地存在于一个精心建构的矩阵中，构成矩阵的是相互支持的定义和对实验观察的解释。当人们把这种方法用于实际情况时，就会发生故障。因为在实际情况中，因素的数量和复杂性如此之大，以至于你不可能在没有任何减损的情况下做出抽象，所以错误的结果是不可避免的。④

在控制论领域工作的人们也曾经表示，他们关注着对"科学"的误用。"毫无疑问，在控制论领域，如今一个非常重要的影响是经过修正的还原论。它把各种过程和复杂的目标还原为黑箱法和动态控制系统。这种情况不仅出现在自然科学，而且也出现在社会科学。"⑤

为了处理这些问题,有必要对科学发展的构成因素提出挑战。科学技术在社会中的角色需要重新塑造,而且也需要这样一种社会结构,它能培育主观性与客观性的共存,也能培育出以物质世界为基础的意会知识与抽象知识的共存。更简单地说,我们需要一个社会和一种文化,它们能还原和逐渐消解手脑之间的分工,并且给出激励、鼓舞和基础设施,从而使人能在丰富和启发式的环境中得到发展。这就意味着挑战我们对目前社会的基本假设,当然,这些假设是所谓的社会主义国家对社会的假设。现在,铸造各种社会力量以形成挑战有一些重要原因,其中一个是科学技术的各种矛盾被越来越多的人感觉到了。

凭借技术控制

科学工作者或科研人员发挥自己创造性的精英权利越来越受到系统的限制,就像该系统控制各界人士的行为那样。对科技精英的控制只是那一小撮上层分子普遍地控制社会的组成部分,他们控制社会是为了完全控制全体劳动者,不论是体力劳动者还是脑力劳动者,而科学管理或提高效率是他们实施控制的借口。因此,人们将会看到,工作的组织形式,对工作职位、机器和计算机的配置,这些对于实施这种控制是必须的,这种情况体现出深层次的意识形态设定。由于我们认为科学技术呈中性,因此,我们

就没有认识到科学技术也有反人性的性质,从而也就没有抵制一些人为地嵌入资本主义技术系统的价值,包括嵌入该系统中的各种器具、工具和机器的价值。因此,在机器和劳工运动之间的关系方面,机器起到了特洛伊木马的作用。生产率变得比博爱更重要。纪律重于自由。产品重于生产者,甚至在为社会主义奋斗的国家也是如此。[6]

有人提出[7],由于苏联忽视这些考虑,从而为目前苏联的情况奠定了基础。工人在这种情况中,很难说能够像早期马克思主义中所设想的那样,

通过自己的工作享受成就感。情况很可能是，苏联所犯的严重错误在于，他们竭力采用的科学技术形式是在资本主义社会中发展起来的，而不是在完全不同的社会中发展起来的。苏联之所以有这样的发展，必然要追溯到其发展初期，追溯到列宁对泰勒制的态度。列宁说：

> 资本主义取得的所有进步是一种结合，既包括了资产阶级巧妙而又残酷的剥削手段，又包括了若干最伟大的科学成就。有的成就表现在分析劳动中的机械动作、淘汰多余和笨拙的动作，精心制定正确的工作方法，以及引入最佳的计算和控制系统等。苏维埃共和国必须不惜一切代价在该领域采用全部宝贵的科学技术成就。社会主义能否建成完全取决于我们能否成功地把苏维埃权力及其各工业部门与资本主义最新的成就结合起来。我们必须在俄国组织学习和讲授泰勒制，系统地对它进行试验，使之服务于我们的目的。⑧

社会主义如果还有什么意义，那它必然意味着更多而不是更少的自由。如果工人们在生产时被限制在泰勒制中，我们就想象不出工人们能够培养自己的一系列素质，包括自信、各种技能、能力和才能。有了这些素质，工人们才能在一个社会整体中发挥自己有力的和创造性的作用。

因此，在技术先进的国度里，已经开始涌现出一系列的矛盾，这些矛盾必然迫使人们做一个彻底的考察：我们怎样使用科学技术、怎样把知识运用于社会才能扩大人的自由和发展。

技术变革与无产阶级化

固定资本作为一种生产过程的主导性特征的崛起意味着，资本的有机构成改变了，工业变成了资本密集型而不是劳动密集型。人越来越多地被机器取代，这种现象本身就加剧了资本主义的不稳定性。一方面，资本主义把时间长度作为生产中的决定性因素来使用，同时它又不断地减少投入到商品生产之中的劳动量。在某个产业领域，数以百万计的工人失去自己的工作，还有数以百万计的工人遭受工作职位不保的烦恼，因为他们被当作冗员对待。在这方面，又出现了一个新的政治因素，这就是冗员的阶级成分。就像高资本设备的使用延伸至白领和专业领域一样，高资本设备的后果也有这种延伸。科学家、技术专家、专业工作者和文员现在全都经历着失业，这种情况过去只发生在体力劳动者中间。精心的措辞用来掩饰他们的共同困境。在伦敦西区的一个大型工程师组织宣布，该组织的科学家和技术专家"在技术上被替代了"，文员和管理人员"供过于求"，而体力劳动者则是"冗员"。换言之，他们都被解雇了。他们具有不同的社会、文化和教育背景，尽管如此，在抗拒工厂关闭时，拥有共同的利益，他们也这么做了。科学家和技术专家举着横幅绕工厂游行，横幅上写着"工作的权利"，这种斗争在几年前是不可想象的。技术的变革确实使他们无产阶级化了。现代技术所要求的这种大量而又同步的生产规模的结果是，裁员会殃及整个社会。在美国航空业衰退的时候，工会的横幅上写着"最后离开西雅图的人，请把灯熄灭"。

由于资本有机构成的这种变化，社会逐渐适应并接受了永久性失业大军的存在。在美国 20 世纪 70 年代有 500 万人长期失业，尽管当时还有越南战争的人为刺激。当然，里根新近的某些政策在有限的部门和小企业增加了一些工作职位。然而，这也许更多的是一种过渡的情况，而不会是大量失业的结束，而且其部分的原因是美国的对外金融政策，并且是以其他国家的工作职位为代价。日本和美国往往会输出失业以维持国内的就业情况。

近年来，我们已经目睹了英国的大规模失业。意大利的失业率相当高，甚至在西德的奇迹中，也有一些工人，尤其是 50 岁以上的工人，他们现在正经历着长期的失业，而且没有逆转的迹象（图 15）。这种失业本身就为统治阶级制造了矛盾，因为人们在社会中扮演着两种角色，他们既是生产者，也是消费者。当你否定了他们的生产者角色时，你同时也就限制了他们的消费能力。为了达到平衡，人们力图重构社会服务，以便维持失业与购买力之间的平衡。在美国，肯尼迪总统谈到过"可容忍的失业水平"。在20 世纪 60 年代的英国，哈罗德·威尔逊曾经通过重整产业和公司的方法，用纳税人的钱给工业之火添加燃料，为的是产生"技术变革的白热状态"，他曾经以典型的双重否定形式说："失业水平不是不可接受的。"对于一位人称社会主义的首相来说，这样说就有些异常了。

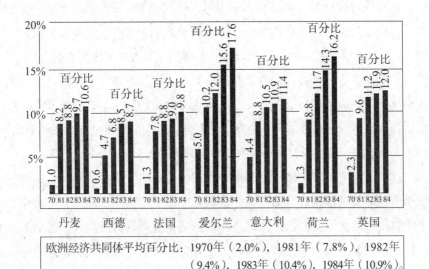

图15　欧洲经济共同体的失业率

这个概念现在已经被撒切尔政府推断和发展了，为的是让民众接受350万"并非是不可接受的失业水平"。这就意味着失业者们只能责怪自己，他们是乞讨者，或者他们太缺乏想象力，不愿意或者懒得让自己去享受休闲活动。由于缺乏基础设施和各种资源，也由于用缩短工作时间的方法来促进工作职位分享的机制也是缺位的，所以失业者们经历的并不是休闲，而是强制性的闲散状态。

早期乐观主义的成果

其最终的结果是，一方面对那些从业人员来说，工作节奏越来越快；另一方面，越来越多的人排队等待领取救济，他们都处于穷困潦倒的状态。在这个阶段，每周工作时间并没有减少。尽管战争后发生了技术变革，对于英国那些有工作的人来说，如果我们把超时工作、兼职工作和上下班路上的时间都算在内，每周工作日比战争期间的 1946 年还多。然而，人们还是在坚持不懈地设计那些取代工人的机器设备。那些设计人员很少问自己，他们从事这种设计的本质是什么。例如，英国有 300 万人排队领取失业救济，人们在理论层面上也能想象，他们的模式识别智能无限地大于任何机器人，那为什么有些人还狂热地设计具有模式认知智能的机器人呢？

劳工和工会运动过去的政策是接受冗员，在没有替代工作的具体计划的情况下，削减诸如防务的开支。支持这种做法的人认为，防务开支的削减会释放资本，这些资本可以用在社会服务中。人们当然会不情愿地承认，如果失业率进一步上升，则还会有遗留的难题。

这种情况揭示了在劳工运动中，我们中的一些人在多大程度上已经习惯于市场经济的准则。我们认为，资本是作为财产腾出来的，人员是作为累赘腾出来的。当我们这么做时，我们忽略最宝贵的财产是人，包括人的足智多谋和创造能力。在防务和航天工业中，我们英国有技能和天赋最高的工作者。但是，我们就像统治阶级那样，把资本排在第一，人排在最后，忽视了人的技能和能力对人的福祉做出的巨大贡献。

面对着这些矛盾，欧洲的工会官僚们如泣如诉的诉说也没能掩饰他们自己对科学技术应该怎样发展这个问题没有独立见解的事实，这种情况与澳大利亚的有创意的劳工运动完全不同。然而，官僚们也确实没有要求更多的投资给那些首先会制造难题的技术，他们对那些大型跨国公司的计划作了小小的修改，为的是装潢门面、博得同情。一个更具建设性的工会反应见图 16。

各个工会凭借其国家计划部门的成员资格逐渐联合起来，在西德有工业部门战略团队的联合决策机制，在英国有半官方机构（尽管这种趋势在撒切尔治下停滞甚至逆转了），这种形式的反应也许并不奇怪。但是，让人感到不安的是马克思主义左派们的全然的混乱和混淆，他们就像一群政治鸽子，盲目地、不假思索地对技术持乐观主义，这种乐观主义已经遭到了恶报。

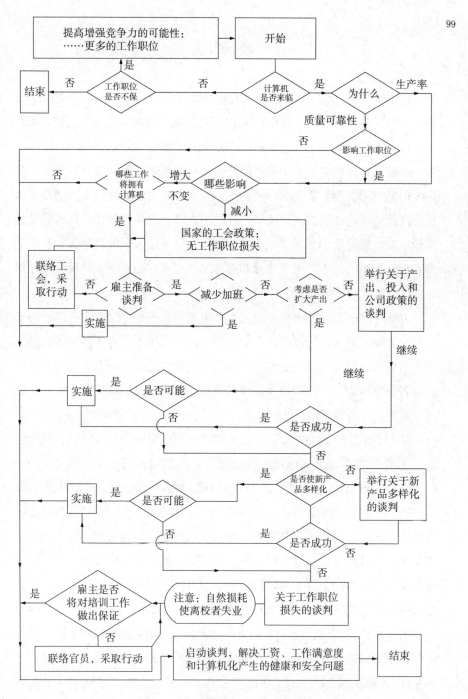

图 16　工会对新技术的一个典型反应

"使用"人

这个系统想方设法来粉碎工人们对解雇的抗拒。在工党政府的统治下，有一个周密的计划是"冗员补偿款法案"。英国工会的实际经验表明，在一些工厂工人们为反对关闭而斗争，但他们的团结用大笔的金钱就粉碎了。

还有一个伎俩要阴险得多，就是让工人们相信，他们之所以失业都是因为他们自己的错。事实上，他们是一些不可雇用的人。这个伎俩在美国已经广泛传播，那里的人们确信，有些工人没有智能，在现代技术的社会里他们应该接受培训。这些说法尤其被用来反对工人中的有色人种、波多黎各人和贫困的白人。对于詹森和艾森克的"客观的"研究来说，这种情况也许是肥沃的土地。

由技术变革造成的永久失业大军的概念带来一种危险：它可以被用来当作一种约束力量，约束的是在职人员。失业大军无疑为军队和警察提供了人力资源。纵观20世纪70年代在英国的裁员情况，随着传统产业的重组或者被彻底淘汰，一大批冗员被招收进入军队或者警察部队，并且把他们部署到北爱尔兰对付当地的工人。

伴随着高资本设备的引入，还经常有一种情况叫作"合理化"重组，这种现象的缩影是英国通用电气公司及其首脑阿诺德·温斯托克。1968年，该公司雇用了26万工人，利润为7500百万英镑。经过一次无情的裁员之后，工人人数降至20万，而利润升至1亿零5百万英镑。这些就是引入高资本设备的那些人对待人的态度，他们的态度是绝对明确的：利润排在第一，人排在最后。我在这里举出阿诺德·温斯托克作为例证不是因为他道德败坏，实际上他非常诚实、直率和坦白，而是因为用他可以说出其他人的想法。有一次他说："人就像是橡皮筋，你给他们的工作越多，他们就伸展得越长。"但我们知道，当人的伸展超过一定限度后就崩溃了。工程师与技术管理监督部门联合工会确认，伦敦西区的一家工程公司把设计人员从35人裁员至17人之后的18个月内，就有6人患神经衰弱。像温斯托克这样的人对所有急功近利的管理者来说，是一个光鲜的榜样。他的一个资深管理人员骄傲地说："他控制着人们，最大限度地榨取他们的劳动。"我认为，一个社会如果鼓吹这种行为，那这个社会是多么病态和堕落。

大多数工业过程尽管是资本密集型的，但就整个系统而言，仍然需要人。鉴于高度机械化或自动化的工厂经常是在非常高的速度上运转，在人机互动中，雇主就把人的相对缓慢视为整个系统的瓶颈。这种情况的结果是，薪酬与生产率挂钩，以确保工作者速度更快。

对于雇主来说，这就像驱使牛马一样。如果你必须雇用一个人，那你就雇用年轻人，他们总是精力充沛地从事你交给的工作。雇主所追求的完全是迫使工人们服从生产，从而确保工人的每一分钟和每个动作都"属于"雇主。的确，资本对剩余价值的渴望是永远不能满足的，因此资本对工人的指望已经不是用分钟计算，而是要把分钟细碎分割。

资本的这些做法依公司或国家的不同而不同，但有一点是相同的，这就是利润是至高无上的，而工人则处于从属和恶化的地位。乔治·弗里德曼对产业政策有敏锐的观察，他在作品中，涉及法国两家大公司的两种不同方法，一个是里昂的伯利奥特，另一个是巴黎的雪铁龙：

> 为什么在伯利奥特工作有坐监狱的名声，尽管它有宽敞美丽的厅堂。
>
> 因为在这里，他们用泰勒制的简约版对劳动过程精打细算，其中有一个示范者，他是最能干的工人，他的工作耗时就是标准，把这个标准强加给广大工人。那个制定"标准"生产过程的人，手持秒表，要求工人们达到这个标准。他检查每一个工人，似乎忠实地把每一项操作所需要的时间相加。事实上，如果工人的动作在他看来不够快或不够准确，他就会给出实际的示范，而他的表现又决定了基本工资的标准。除了这种技术监督以外，还有纪律监督。纪律监督者身着制服，时刻在工厂里巡逻。他们时而推开厕所的门，看看蹲在里面的人是否吸烟；时而巡视车间，看看是否有火灾的风险。
>
> 雪铁龙的方法更为巧妙。工人们处于一种相互竞争的状态，他们为起重设备、钻头、气动砂轮和一些小工具吵架。但穿着白大褂的监

工们的任务是保持工作的步调，他们固执、急迫而且活跃。你可能觉得工人节约时间是在帮监工个人的忙。但监工在那里，时时刻刻都紧盯着工头，而工头又紧盯着你。他们希望你展示出一个闻所未闻的高速动作，就像快速放映的电影！在这种情况下，公司的愿望是，只招聘 30 岁以下的年轻人，这种愿望只有在缺乏人性情况下才能理解。⑨

尽管这是发生在车间的情况，但如果认为高资本设备可以给文员、管理人员、科技人员等脑力劳动者减负就确实太天真了。

有些科技人员自认为这种情况只发生在体力劳动中。他们没能认识到，自己也面临着同样的麻烦。1973 年 4 月，在英国的诺丁汉大学举行了一次会议，会议认为，可编程绘图机或者设计系统是机器人。一位机器人制造商指出："机器人体现了工业需要顺从的劳动力是符合逻辑的。"这的确是非常危险的哲学。人的伟大之处就是他们有时会不服从。大多数人的发展，包括技术、文化和政治方面的发展，都取决于人的置疑、挑战，还有在需要的时候不服从现有的秩序。

对人类这种附属品的维护最少

生产的控制者把所有的职工，不论是体力还是脑力劳动者，都视为一些生产单位。只有当客观实在被牢固地把握时，划分科学技术的潜在性和当下的实在之间的鸿沟才能被理解。可能性与真实性之间的这个鸿沟每天都在加宽。科学技术的潜在能力以指数的方式增长，与此同时，普通民众的境况在西方、尤其是在第三世界每况愈下。技术能创造一架协和飞机，但却不能生产出足够的、简单的取暖设备以挽救伦敦数以百计的年迈的退休金领取者死于体温过低的命运。只有当人们认识到，这个制度把退休金领取者们视为被废弃的生产个体时，他们才能理解其中的含义，这是资本主义的含义。这也是他们社会设计的组成部分，从统治阶级的观点看，它具有"科学性"，非常符合人们从机器设计中所观察到的各种原理。

作为一名设计者，我知道，当你设计一个生产单元时，你就要确保你的设计是为了在满足其工作需要的情况下，尽量降低它的工作条件。你寻求的是确保尽量让它不需要特殊的室内温控环境，除非它绝对必需。在设计它的润滑系统时，你不会指定任何一种外来的油品作为它的润滑剂，除非它确实需要。你会确保在满足需要的情况下，控制系统的智能最小化。例如，如果你有一个简单的二维绘图机就能满足需要，你就不必有一个三维的计算机辅助设计系统。最后，你设计的系统所需要的维修是最少的。换言之，你设计的系统能够尽可能长时间地运转而不出故障。那些控制我们社会的人也用同样的方式对待人。给职工们最低的条件，意味着在能够使他们的健康状况满足工作需要的前提下，你提供给他们的住房条件绝对是最低的。为机器提供的燃料和润滑剂相当于为职工提供的食物。在满足工作需要的情况下，这种条件保持在最低水平，而对于不工作的人来说，这种条件完全不恰当。

在 20 世纪 70 年代早期，牛津的饮食专家告诉退休金领取者，应该购买多少人造黄油、应该购买什么样的肉类的边角料，就能做到每周只需要 2 英镑的食品就能生存。尽管这在当时引起了骚动，但按照实际购买力计算，现在工人阶级的退休金领取者在食品方面所能支付的开销仍然相对地保持不变。

在满足行业需要的情况下，教育提供给工人的知识也是最少的。这种教育提供给工人的训练就是满足他们的就业，并不是教育工人们思考他们自己或者整个社会的困境。

最少的维护条件是通过英国的国民医疗服务给出的，这种制度集中在治病而不是防病。严酷的现实是，当工人们结束了自己的工作生涯之后，他们就像废弃的机器一样被扔到废料堆里。

104

如果所有这些听起来就像一些极端的情况，那我们就应该回忆威尔斯登医院的医生说的话。他说，没有必要拯救那些在国民医疗服务照顾之下的年过 65 岁的病人。而医生本人当时已经是 68 岁了。当抗议的声浪响起之后，这段话作为错误言论就被仓促地收回了。这段话真正的错误在于，它赤裸裸地揭露了我们这个阶级分裂的社会中的基本假设之一，科学技术不可能以人性化的方式应用于一个在本质上是非人性化的社会。科学工作者在使用自己的能力时所面临的矛盾将会扩大，正确地说，这种矛盾将导致科学界的激进化。

公众参与的需要

对科学滥用的任何有意义的分析都必须考察科学过程的本质，也就是在一个社会的意识形态框架之内科学的客观作用。因此，它已经不仅仅是"科学的问题"，而且还有其政治维度。这种分析已经超越了科学界的那种重要的但却是有限的内向反省，它已经认识到必须有广大公众的参与。许多"进步的"科学家都认识到这种情况，但仍然把自己的作用视为向广大的无知群众解释科学的神秘世界。当大众觉醒后，他们就会支持科学家的意愿："不要使用我的科学知识或科学家的地位来助长那些我认为是危险的做法。"就像目前某些"英国科学的社会责任协会"的成员所鼓吹的那样。

有些人除了具有进步性以外，也具有政治敏感性。因此，他们知道吕西斯特拉忒运动即使能够被组织起来，也未必会逼迫国际资本以对社会负责的方式进入科学在社会中的运用。在一个对政治负责的社会里，科学对社会负责只是可以想象的情况。它一定意味着变革我们生活在其中的社会。

这种政治变革的先决条件之一就是，我们的社会要有足够的成员拒绝我们现存的社会基础，他们是有觉悟的政治力量，他们对那种矛盾的阐明是对整个社会的批判的组成部分。对科学的不可避免的误用对越来越多民众的生活产生着影响，它为这种政治的发展提供了肥沃的土壤。在任何意识激进的政治软件中，它应该构成一种重要的武器。

即使是马克思主义科学家似乎也在反思科学界内部的政治乱象，他们在实践中的表现说明，他们不愿意发动群众运动。因此，辩论往往局限在校园这种单纯的气氛中，局限在学术单位的精英阶层中，或者局限在实验室那种修道院式的相对安静的环境中。

显然，那些控制大型跨国公司的人，那些从来不隐瞒自己在幻想着科学在意识形态中呈中性，他们将不会因为承担着责任而过度地担忧。美国国际电话电报公司的吉宁家族和英国通用电气公司的温斯托克家族，他们不怕诺贝尔奖获得者的声明。的确，生态学家的声明响彻了主流媒体，并且引起了自由派人士的关注，这些关注并非都是健康的。尽管如此，普通民众也有能力改变社会，他们认为改变社会具有客观必要性，但他们却没有真正地参与到其中。他们在生产中的经验无情地表明，一个追求利润最大化的社会不可能为被他们视为实用科学的技术提供理性的社会框架。

对社会不负责的科学，不仅污染了我们的河流、空气和土壤，生产出催泪弹用于北爱尔兰，生产出落叶剂用于越南，生产出各种刑具用于警察国家，而且它还在心理上和生理上贬低从事生产的人们，由于他们的劳动被对象化了，他们也就被贬低为机器的附属品。高工资在任何情况下都是谎言，它用金钱当作麻醉剂，还有高生产率和低成本，这些显然都不能麻痹工人们的心理，不能使他们为生产线上的那种碎片化和非人性化的任务付出他们作为人的代价。尽管工作的组织体制企图把工人贬低为麻木不仁的人，但是工人们却开发出应对机制，有时是通过业余爱好得到补偿，更经常的是通过工会的活动，还有就是当他们能在某一天彻底逃离"生产线"时，他们就为这一天做各种计划。

越来越多的迹象表明，在生产的上层结构与经济基础之间存在着不可调和的矛盾。在通用汽车公司设于美国洛兹敦工厂的机器人辅助生产线上有破坏产品的情况，在意大利菲亚特汽车公司有 8% 的缺勤率，英国克莱斯勒汽车制造公司有"质量"罢工，瑞典有受保护的工作场所，这些情况露出了巨大冰山的一角，这个冰山就是国际间工业领域内不满的怒火。这种不满情绪如果处理得当，就能够从本质上将消极防御的态度提升为向整个制度的积极的政治挑战。

这种挑战得以迅速发展的客观条件是，压迫是客观现实，不可辩驳。因为在高资本、高技术、高自动化和计算机化的工厂，越来越多的工人对它有切实的体验。结果是，体力和脑力劳动者都逐渐认识到，他们设计和制造的那些设备越复杂、科学含量越高，他们自己就越成为设备的附属品。也就是说，他们越来越成为自己劳动的对立面了。只有在历史和经济的整体视野中观察技术变革，才能理解这一过程。

根本的差别

固定资本在生产过程中的使用，先前是机械设备，后来是计算机设备，标志着生产方式的根本性变化。这种变化不能仅仅被视为用于加工原材料之工具的升级。从前，充满手工工具的活力是工人赋予它的。那时商品生产的质与量除了取决于原材料、市场的力量和质量监督以外，还取决于工人的力量、韧性、熟练和智谋。如今有了固定资本，也就是说有了机器，情况就完全相反了，工作方法要服从利润和机器的方便。科学知识预先就决定了机器的速度及其所需要的燃料和润滑剂，用于编制数字控制的数学不存在于操作者的意识中，而存在于操作者的外部，并且作为异化的力量通过机器对操作者施加影响。因此，科学是以固定资本的面目出现在工人面前的，它原本只是知识和技能的积累，但现在却被挪用了，成为与工人对峙的异化和敌对的力量，甚至于使工人沦为机器的附属品。工人们活动的本质，包括他们肢体的动作以及这些动作的速度和顺序，其中的每一个细节全都要服从固定资本的"科学"要求。因此，对象化的劳动以固定资本的形式出现于生产过程中，它是对立于活的劳动的主宰性力量。我们接下来要看看，当我们考察生产的具体情况时，固定资本表现的不仅是排挤了活的劳动，而且是以复杂精致的形式，如计算机硬件和软件，盗用了白领的科学知识成果，使得白领们自己的智慧成为异化的力量和他们自己作对。

因此，工人们投入到对象的劳动越多，他们保留给自己的就越少。通用汽车公司的焊接工使用机器人在焊接装置时，在焊接车身的全过程中都引导着机器人的探针。随着他们把技能注入机器人，他们也就把自己去技能化了。焊接经验是年复一年的积累而成的，这些经验都被有自身编程能力的机器人吸收了，而且永远也忘不掉。类似的情况有，在飞机制造公司工作的数学家，他们的工作是计算应力，他们设计的软件包用来分析飞机骨架结构的受力情况，他们在自己的工作中也有同样的遭遇。他们每次这样做，就把自身部分地交给了机器，也就把自己的"生命"赋予了自己的劳动对象。这个生命因此也就不再属于他们了，而是属于劳动对象的拥有者。

由于工人们的劳动成果不属于他们自己，而属于生产资料的拥有者，而且这些成果也用于生产资料拥有者的利益，这种成果就必然产生这样的情况：工人的劳动对象作为一种异化的和敌对的力量，与工人们处于对峙的状态。因此，工人的这种"自我丢失"表现出的正是我们社会经济基础的基本矛盾。这种情况反映出，在资本和劳动之间、在剥削者与被剥削者之间存在着对抗性的矛盾。因此，固定资本在这个历史阶段就是矛盾的体现。也就是说，工人们把自己从日常烦琐的、摧毁灵魂的和艰苦繁重的工作中解放出来的手段，工人们也可能用它来实施自我奴役。

有"政治"变革就足够了吗？

因此，改变生产资料的本质和改变所有制关系就是必要的了，虽然仅此一项肯定是不够的。此外，有一个问题涉及：是否有一种非对抗性的矛盾存在于目前形式的科学技术与人的本性之间。我们可以感觉到，我们的科学方法论，尤其是我们的设计方法论，已经被各种开发它的社会力量扭曲了。因此，在科学发展和技术变革中发生的难题，最初是由我们这个阶级分裂的社会造成的。如果仅仅凭借改变社会的经济基础能解决这个问题吗？

这个问题不仅会引起理论界和学界的兴趣，它肯定也是那些企图建立人民民主制度的人们热切关心的问题。如果西方的技术能够简单地应用于社会主义社会，那它肯定就属于要建立这种制度的人们关心的政治问题。在这个历史阶段，技术体现了两个对立的因素：工人获得解放的可能性，工人落入陷阱的现实。只有当工人拥有自己的劳动对象时，获得解放的可能性才能变成现实。由于这个矛盾的本质还没有被理解，所以传统的观点是两极化的，一个是"技术是好的"，一个是"技术是坏的"。这两个两极化的观点已经存在了很长时间了，它们不仅是太空技术时代的产物。早在1642年，在帕斯卡引入他的机械计算机时，他就希望这种机器能够把人解放出来，以便从事更具创造性的工作。在早于他仅仅 46 年前，在 1596 年，但泽市政委员会雇凶扼死了节省劳动力的织带机的发明者，这就鲜明地反映出完全相反的观点。在此后的 500 年间，当只有一种激进的反动政治势力占上风时，这种反动势力就以不同的面目反复地企图在工业的层面上解决一个矛盾。至今，这个矛盾仍然以工业的形式表现着自己。

专用的附属品

一段时间以来，人们常常谈起"专用机器"。现在的事实是，当雇主规定了一种工作职位的功能时，他也规定一种专用的附属品，这就是操作者。

甚至我们的教育系统也被扭曲了，它为"专用机器生产专用的人"。人们接受教育不再是为了思想，他们接受训练是为了做一种狭窄的专门工作。让学生们感到十分不安的是，他们即将被训练成工业原料，目的是让他们适合于从事大型垄断企业中的狭窄的、碎片化的工作，他们在其中看不到他们所从事工作的全貌。

为了保证大学毕业生确实是这种"专用的产品"，我们看到，那些垄断企业竭力要决定大学的课程表和研究计划的性质。华威大学就是一个经典的例证。具体地说，就是在研究方面，垄断企业通过拨款不断地加强对研究的控制，这些拨款是提供给各个大学或在垄断企业内部的实验室进行的研究项目。许多从事研究的科学家仍然怀着这样的幻想：他们实际上是"独立的和专注的真理追求者"。

如果他们要保住自己的工作职位，他们所谓的"真理"就必须和垄断企业的利益保持一致。1960 年，小威廉·怀特指出，在美国的 60 万名科研人员中，被允许自己选择研究项目的人不超过 5000 名。在总支出中，给那些不能在近期提供利润的"创造性研究"的拨款低于 4%。他承认，长此以往的结果就是："如果公司继续以现在的方式打造科学家，这个庞大的装置实际上就减缓了以它为生的基础科学发展的步伐。"[10]

雇主的难题

到目前为止，我一直集中在损害脑力和体力劳动者的各种矛盾。雇主肯定也有许多难题，理解其中的一些难题具有不可忽视的策略重要性。

雇主面临的矛盾之一是，无论在何处，他们积累的资本越多，就越容易受到损害。他们在自己的产业和生产中越多地使用计算机，在受雇于其中的人们罢工时，打击就越大。毛泽东在他的军事著作中说过，军队的资本化程度越高，就越容易受到攻击。这种说法在越南得到了体现，在那里民族解放阵线的战士用价值 1.5 英镑的炮弹就可以摧毁装备有计算机设备的大约价值 250 万英镑的美国飞机。

巴勒斯坦游击队使用大约价值 20 英镑的左轮手枪就能够劫持一架价值数百万美元的飞机，然后在某个机场摧毁它。高资本设备尽管看起来是无所不能和战无不胜的，但却总是有其弱点和被破坏的可能性，游击战是不可忽视的。一股很小的力量就能够摧毁或瘫痪价值数百万的工厂设备或武器。工业的资本化也会产生类似的情况。过去，当文职人员罢工时，产生的影响很小；现在，如果工厂的工资发放使用计算机，那文职人员的罢工就会使整个工厂陷入混乱。还有一个事实是，在高度同步的汽车制造业，只要铸造厂有 12 名工人罢工，就能使该行业的大部分陷于停顿。

同样的情况正在设计领域发生。凭借计算机辅助设计，设计人员能够得到高资本设备，这些设备把设计人员无产阶级化了，但是它也提高了他们罢工的影响。在过去，当绘图人员罢工时，他们只是放下手中的 6H 铅笔和橡皮，而且要很长时间，罢工的影响才能在生产中被感觉到。有了上文描述的那种新设备，人们就使用它来制备控制数据，或者用它让高资本设备以互动的方式工作。在这种情况下，有许多实例表明，罢工的影响是立刻出现的，生产在很短的时间内就受到损害。

与机器平等

固定资本的引入能够使雇主把一些工人替换下来，并使得另一些工人成为机器的附属品，与此同时，它也体现了其内部存在着反对力量，其表现是它提供给工人强大的产业武器来反对引入固定资本的雇主。这种情况也同样适合于其他职业的从业人员，如银行、保险、发电、民用交通和与工业生产有更紧密联系的行业。

即使在工业行动中缺乏罢工行动，这种情况也会出现。正如我已经指出的，工人的行动要转变为适合固定资本的要求。这种转变越彻底，工人们操作时的偏差所产生的破坏性就越大，即使是最微小的偏差也是如此。产业职工中的激进分子对制造业中的骚乱有充分的想象力和创造性，他们已经开发出一些做法，如"怠工""无积极性工作"和"不合作日"，来充分利用这种矛盾。这些做法可以降低体力和脑力劳动者的工作成果达 70%，而且也没有那种充分罢工时给罢工者造成的经济困境。

我在上文中描述的那些精密设备，其中大部分都非常敏感和娇气，因此在操作时必须非常小心，而且要为某些专用设备提供像医院那样的清洁条件。在许多行业中，雇主对固定资本的照顾与他给予"他的"活资本相对粗放的待遇形成了鲜明的对照。争取与设备待遇平等的运动大约始于 1964 年，那是贴在伯克利的一张布告，布告戏弄了 IBM 打孔卡：我是一个人，请不要折叠或损害。这场运动现在已经出现在各个重要的行业。1973 年 6 月，有些设计师和绘图师，他们是工程师与技术管理监督部门联合工会的成员，受雇于伯明翰的一家大型工程公司，他们正式要求"他们的工作环境要等同于计算机辅助设计系统的环境"，其条件如下：

> 这个主张的提出是为了重申对设计和绘图区域的采暖和通风条件的长期不满情绪，它可以追溯到 1972 年 4 月。的确，据我们所知，自从 1958 年以来，这些工作条件就很不理想。我们认为，如果机电设备可以考虑给予空调环境，使它们能高效地工作，那么与这些设备打交

道的人也应该受到这种考虑。

人们对技术先进社会的价值进行了有趣的反思后，举行了三次罢工，目的是为了使设计师的工作环境接近计算机辅助设计系统的工作环境。这次罢工也有助于打破高级设计师不需要工会的幻想。

科学家现在必须开始从这些经验中吸取教训，从而理解它们的命运也紧密地相关于全体被该系统"塑造"的人们。他们必须努力理解，他们的聪明才智和科学研究的成果将会变成压迫自己的工具，也变成压迫广大民众的工具，除非他们有足够的勇气和大家一道参与到政治斗争中去。工人阶级的历史任务是对社会的转型施加影响，但在这个过程中，科学技术工作者能够成为工人阶级强大而又至关重要的盟友。这就意味着，科学家必将参与到这场政治运动中去。

当个体的人不再成为劳动分工的受奴役的附属品，当体力和脑力劳动不再对立，当劳动不再仅仅是谋生的手段，而是生活的第一需要，当生产力的发展和个人的全面发展同步进行，当合作生产的财富极大丰富并且充分涌流，只有在这些条件具备时，人们才能超越资产阶级权利的狭隘视野。只有在这时，社会才能把"各尽所能按需分配"写在自己的旗帜上。只有在这时，科学家们才能真正地把自己的才能贡献出来，满足整个社会的需要，而不是满足少数人利润最大化的要求。⑪

第七章
起草卢卡斯航空航天联合管事
委员会的"公司计划"

在人类历史上，从来没有如此大的可能性解决我们的经济难题。人类的真才实学是通过适当的科学技术体现出来的，而科学技术把我们从肮脏和疾病中解救出来，并且满足了我们衣食住的基本需要。与此同时，在社会的许多部门，也存在着越来越多的对"工业社会"前途的担忧甚至警报。

各种矛盾

有许多矛盾把我们这个被认定为是技术先进的社会中的难题增加了。在这些矛盾中，有四种矛盾尤其影响着在卢卡斯航空航天联合管事委员会里发生的情况。

第一，在技术能够提供给社会的东西和技术实际上提供给社会的东西之间，存在着骇人听闻的鸿沟。我们的导弹可以发射至另一个大陆，其误差只有几米。但是，在我们的城市中，随处可见盲人等残疾人，和中世纪比较，他们的生活没有怎么改善。我们有庞大的核电工业，也有庞大的常规发电系统，有复杂的分配网络和管道天然气，但退休金领取者却死于低体温，因为他们得不到简单而有效的暖气。1984 年冬天，仅伦敦地区就有大约 1000 人被冻死。我们有资深的自动化工程师，他们坐在计算机显示屏前，以互动的工作方式优化汽车车身的配置，为的是使汽车在时速 120 英里的情况下，仍然在空气动力学方面具有稳定性，可是纽约市内的平均车速只有每小时 6.2 英里。事实上，在 19 世纪和 20 世纪之交，马车的时速就已经是 11 英里了。在伦敦一天中的某些时段内，车辆的时速为 8.5 英里。我们有如此精密的通讯系统，以至于我们能在一秒钟之内，就能把信息发到世界的各个角落，但现在从华盛顿发一封信到纽约的耗时比公共马车时代还长。

我们发现，一方面，为了跨国公司的利益，人们追逐着复杂而又深奥的技术；另一方面，越来越多地剥夺着整个社会和广大民众。这是第一个矛盾。

第二个矛盾是我们社会最宝贵的财产遭到悲剧性的浪费，这些财产包括技能、真才实学、精力、创造性和热情，它们的拥有者是社会中的普通民众。在英国，甚至按照做过手脚的官方数据，我们仍然有 330 万的民众失业。并非来自官方的真实数据，肯定接近 450 万人了，其中包括没有做过失业登记的人和打零工的人，还包括了数以千计的妇女，她们愿意从事那些自己可以灵活掌握时间的工作。

当我们急需廉价、有效和安全的城市交通之时，却有数以千计的工程师遭受着失业的困苦。当我们急需都市廉价的取暖设备时，却有数以千计的电气工程师被社会剥夺了工作的权利。我相信，有 18 万建筑工人失业，同时，根据政府的统计，这个国家有 700 万人居住在贫民窟。在伦敦地区，有 20% 的学校没有室内厕所，而那些能够修建厕所的人们却在失业大军中。

第三个矛盾是这样一个神话：计算机化、自动化和机器人的使用将自动地把人从摧毁灵魂和艰苦繁重的劳动中解放出来，让他们自由自在地从事更具创造性的工作。我在工会中的同事以及数以百万计的工业化国家的工人，他们的经验都表明，大多数情况正好相反。

在个人层面上，一个人的整体性被粗暴地撕裂了，它的各个部分处于

相互矛盾的状态。个人作为生产者必须完成那些荒唐的、被异化的任务，
包括制造一次性产品，包括盘剥作为消费者的个人。在我们所处的阶段，
我们按照效率和优化的概念，对科学技术做了重组，使它趋同于巨型跨国
公司的要求和价值系统。

第四，整个社会目前对科学技术的敌视越来越强。如果你去参加聚会
并承认自己是技术人员，参加者中的艺术家、记者和作家会把你当作人渣。
他们似乎真的相信，你曾经提出铁锈喷洒在汽车车身之后才能喷漆，所有
商品的包装都应该是不可回收的，你是专门为了污染空气与河流才设计和
建造大型工厂的。他们不理解，虽然跨国公司关心的只是利润最大化，但
技术人员只是被它们当作听差使用。因此，不足为怪的是，在我们最聪明
能干的六年级中学生中，有些人现在不学习科学技术，因为他们认为在我
们的社会这种学习是非人性化的活动。

科学技术被疯狂的线性驱动向前推进，我们目睹了资本的构成呈指数
变化，随之而来的是大规模结构性失业的增长。有人曾经预言，到 1990
年，欧洲共同体国家的失业人数将达到 2000 万人，这个预言不再是空穴来
风，已经是明摆着的局面了。

卢卡斯航空航天联合管事委员会工作人员的回应

20 世纪 70 年代，卢卡斯航空航天联合管事委员会的工作人员曾经受
到这四个矛盾的影响。我们为协和式飞机的设备工作，经历了结构性失业，
而且我们知道公众对科学技术的怨恨日益增强。

卢卡斯航空航天联合管事委员会组建于 20 世纪 60 年代晚期，当时
它的部分行业接管了英国通用电气公司和英国联合电气工业公司的部分企
业，也接管了其他一些小公司。显然，管委会要沿着已有的思路做出合理
化的程序，这些思路是英国通用电气公司的阿诺德·温斯托克制定的。这
种情况要追溯到哈罗德·威尔逊的"技术变革的白热化"时代。产业重组
公司把纳税人的钱用在促进合理化的项目中，根本不考虑社会成本。阿诺
德·温斯托克后来解雇了 6 万产业工人，这些工人具有多种技能。

我们这些在卢卡斯航空航天联合管事委员会的人很幸运，因为上述情况发生在我们的管委会开始自己的合理化项目之前的一年。我们因此而能够建立一个联合委员会，联合委员会防止了公司像阿诺德·温斯托克那样制造矛盾。在英国工会运动中，联合委员会这个单位是独一无二的，这表现在它把顶级技术专家和车间里的半技能型工人联合起来了，这个委员会到 1987 年还很活跃。因此，一方是科学家的分析能力，另一方也许更重要，它是车间工人的直接阶级意识和理解，双方之间有一种创造性的互通有无的效果。

随着结构性失业开始损害我们，我们就开始注意其他工人群体抵抗它的方法。在卢卡斯航空航天联合管事委员会，我们已经搞了室内静坐示威，为的是防止工作职位的转移，这是其他行业的工人们在过去五年中发展起来的策略。但是我们认识到，如果工人们看到社会不论出于什么原因，不需要他们制造的产品，他们的士气就会急速衰落。因此，我们把为工作权力而战提升到为社会生产有用的产品而战。

在我们看来荒谬的是，我们已经具备的所有技能、知识和工具可以用来向社会提供它迫切需要的设备和服务，但市场经济却不能在双方之间建立联系。接下来发生的情况提供了一个重要的教训给那些希望分析社会怎样变化的人。

一个重要的教训

118

我们准备了一封信，详尽地描述了劳动力的本质，包括其年龄、技能和资格，还有我们能够使用的机床、设备和实验室，连同科技人员的类型及其设计能力。这封信发往 180 个单位，包括领导、各个机构、大学、工会和其他组织，这些单位在过去全都以这样或那样的方式提出过技术的人性化和使用技术要对社会负责。随后发生的情况对我们有启示作用。这些单位的人在全国各地都发表过精彩的演说，有些人还撰写过这方面的书，但面对我们要求的特殊性就陷入沉默了。我们曾经非常简单地询问过他们："劳动力和这些设备在一起能制造出什么对社会有益的产品？"他们沉默不

语，但有四个人例外，他们是开放大学的大卫·埃利奥特博士、女王玛丽
学院的梅雷迪思·思林教授，还有东北伦敦综合理工学院的理查德·弗莱
彻和克莱夫·拉蒂默。

　　首先，我们做了我们应该做的事情。我们询问了自己的成员，他们认
为他们应该做什么。

　　我从来没有怀疑过普通民众应对这些难题的能力，但没有怀疑是一回
事，有确凿证据则是另一回事。在三四周之内，确凿证据就涌向我们。在
短时间内，我们就有了 150 个产品的理念，这些产品都是我们能用现有的
机床和我们拥有的技能在卢卡斯航空航天联合管事委员会制造出来的。我
们是通过管委会的问卷调查中得到这些信息的。

　　这个问卷调查与肥皂粉公司的问卷调查极不相同，它们的问卷调查把
应答者当作被动的白痴。而我们的问卷调查则是以辩证的方法设计的。我
这么说的意思是，在填写问卷的同时，会引导应答者考虑他们自己的技能
和能力，考虑他们的工作环境，其中有他们可以使用的各种工具和设备。
经过我们的构思，应答者们会考虑他在社会中的双重角色，他们既是消
费者也是生产者。因此，我们要有意识地超越这种社会强加给我们的荒谬
的分裂，这似乎就是在告诉我们，存在着两个世界，一个是我们工作在其
中的工厂和办公室，另一个完全不同，是我们生活在其中的家庭和社区。
我们指出，我们白天工作时所做的事情也应该对我们所生活的社会有意义。
同时，我们也把问卷调查设计成引导应答者思考产品的使用价值，而并非
仅仅是其交换价值。

　　当我们收集到所有这些方案时，我们把它们提炼成六种主要产品系列，
它们已经载入了六本产品名录，每一本都有大约 200 页。它们包含明确详
细的技术资料、经济核算，甚至于工程图纸。我们寻求的是不同产品的结
合，即短期内就能设计和制造的产品与需要长期开发的产品之结合；也包
括可以在英国大都市使用的产品和在第三世界国家使用的产品之结合，这
些产品的销售对双方都没有任何剥削。最后，我们还寻求的两种不同产品
的结合：一种是按照目前市场经济的标准有利可图的产品，另一种是不一
定有利可图但对社会却非常有用的产品。

产品和思想

当我们开始制定"公司计划"之前，我们在伍尔弗汉普顿工厂的成员访问了先天性脊柱开裂儿童中心，看到那里的儿童前进的唯一方式就是在地板上爬行。他们感到震惊，后来他们为这些儿童设计了一种专用车。这个设计很成功，澳大利亚先天性脊柱开裂协会订货 2000 辆。卢卡斯航空航天联合管事委员会不同意生产这种车，他们说，因为这种车不在他们的产品范围内。

那时，"公司计划"尚未开发出来，因此，我们不能催促生产那种车。但是从另一个角度看，这个产品的设计和开发非常重要。麦克·帕里·埃文斯是该车的设计者，他说，当他把车交给儿童时，看到了孩子愉快的笑脸，他感到这是他一生中最美好的体验。他说，这是他全部设计中最有意义的一个。在他的职业生涯中，他第一次看到有人从他设计的产品中受益，而他切实地解决了社会中人们的难题。他需要用陶土制造出那个儿童脊背的模子，使得孩子坐上去能够得到更充分的支持。他有一个多学科的团队，包括医生、理疗专家和健康监察员。这种情况非常形象地说明，航天技术的专家们不仅对复杂深奥的技术问题感兴趣。如果让他们把自己的技术与人和社会的实际问题联系起来，会使他们感到充实得多。

一个生命支持系统

我们在另一个工厂的同事发现，心脏病急性发作时，有 30% 的人在到达医院重症监护室之前就死亡了。因此，他们设计了一台轻型简易的手提式生命支持系统，可以安装在救护车或担架旁，以便维持到病人被送至医院的生命维持系统。

他们还了解到，许多病人死于重大手术，其原因是不能保持血液的温度和流量的最佳状态。一旦他们能够理解医学专业的封建神秘主义背后的内容，这在他们看来，就是一个简单的技术问题。他们为此设计了一个简易热交换器和泵浦系统，并且把它做成了样机。据我所知，在我们的一个工厂，有一位主设计师的助手必须做重大手术，他们就能够劝说当地的医院使用这种设备，而且极其成功。

节能型产品

在替代能源领域，我们提出了一系列极具想象力的方案。我们觉得荒谬的是，纽约夏季使用空调降温所耗费的能源高于冬季取暖的耗费。把多余的热能储存起来在需要的时候使用就合理多了。

储存能源的方案之一是生产气态氢燃料单元。虽然生产这种产品需要从政府那里得到很多的拨款，但在生态上却满足了环境和社会的需求。

还有更多的是设计用于低耗能家居的太阳能收集设备。我们的这项工作是与东北伦敦综合理工学院的克莱夫·拉蒂默和他的同事一起进行的，低耗能房屋的各种零部件生产出来了，只要这种房屋的设计完成后，其拥有者用现成的零部件可以自己建造。在东北伦敦综合理工学院，有一些学生正在研修通讯设计的学位课程，在有技能的低能耗房屋设计者的指导下，他们已经撰写出了装配这种房屋的说明书。有了这种说明书，人们就可以和专业建筑工人肩并肩地一起工作，既经历了一个学习过程，也建造了有利于生态的房屋。如果这个想法与富于想象力的政府社区基金联系在一起，在高失业率同时又有尖锐的住房问题的地区，就可以把基金提供给该地区，用于雇用人们为自己建造房屋。

为了表明这种做法在实践中的潜力，克莱夫·拉蒂默在萨福克建造了一所低能耗住房，并且住了进去。1984 年，技术媒体应邀参观了这所房子，对于它的潜力抱有极大热情。"伦敦创新网络"是伦敦大区企业董事会的技术网络之一，该网络对该项目做了进一步的开发，其模型已经于 1985 年秋季在伦敦能源展览会展出。

我们与一些郡议会签订了合同，因为我们急于见到这些产品被普通民众用于社区。令我们感到不愉快的是，目前有这样一种倾向，对于居住在建筑师设计的住房的中产阶级来说，用替代性技术制造的产品只不过是一

些玩物。因此，我们通过开放大学与米尔顿·凯恩斯公司建立了联系，并 122
且联合开放大学一起设计和建造热泵，安装在该公司的房屋中。这些泵使
用天然气，当室外气温为 0 摄氏度时，其性能系数达到 2.8。

　　显然，热泵问世已经有许多年了，但通常都是电力驱动。由于存在着
从化石燃料转换为电力的损耗以及电力传输和损耗，最终用于驱动热泵的
电能已经是原始化石燃料能量值的 30% 略多一点。热泵的天然气驱动真正
优于电力驱动之处在于，你一开始就能使用原始化石燃料能量值大约 70%，
而且仍然可以得到 2.8 的性能系数。

一种新型混合动力包

　　为汽车寻求一种有利生态的动力装置是需要急迫解决的难题。

　　卢卡斯电力公司独立于卢卡斯航空航天联合管事委员会，它的解决方
法是以电池驱动的汽车为基础的。但是，这种汽车在即走即停的状态下，
大约每 40 英里充电一次，在平川上不停地开车大约每 100 英里充电一次。
此外，电池很重。底盘大约 1300 公斤，加上电池 1000 公斤，这些重量车
辆都必须承载。由于电池必须定期充电，这种车辆就不适合随意旅行，而
且还需要大量的路边充电设备。

　　有一种可能性是在现有的加油站提供这些服务，但是有大批车辆彻
夜都在等待充电会难度很大。更换电池的方法或许可行，但定期更换一个
1000 公斤重的电池也是很重的任务。还有电池的储存需要空间，伦敦的地
价为每平方英尺每年 6—10 英磅。车主既要支付备用电池费用，也要支付
储藏它们所需要的空间费用。

　　卢卡斯航空航天联合管事委员会的工作人员的方法极为不同。他们指
出，一般的车辆，其发动机提供的力矩在启动时要两倍或三倍于正常行驶
所需的力矩。一旦车辆进入正常行驶状态，一台小得多的发动机就能提供
它所需要的动力。他们还指出，电动机的性能正好与汽油发动机的性能相 123
反。这就是说，电动机具有高的启动力矩，而汽油发动机在高速行驶时能
提供较好的力矩。把两种情况联系起来看，一个新型的装置就可以形成了。

一个小的内燃发动机在其理想的速度和温度下不停地旋转，驱动发电机，而发电机又反过来为一小组电池充电，这些仅仅是作为暂时能源储存起来。然后提供动力给电动机，电动机又驱动传动系统，或者经过改善后，直接驱动轮子中的轮毂电机。

在这方面，有各种不同的方案。有一个方案是专为城际之间驾驶车辆设计的。一旦车辆达到一定速度，内燃发动机就可以通过机械传动系统直接驱动车轮。当车辆进入市区时，就要走走停停，它就可以在混合模式下行驶。

卢卡斯航空航天联合管事委员会的职工们预料，在未来的若干年内，内燃机或许在市中心被禁止。有了这种混合动力包，就可以驾驶车辆进入禁止内燃发动机的区域，进入该区域之后，速度就慢了，这时使用的是储存的电能。在其他地方，当该系统在混合模式下运作时，就可以充电。

但是，在一般的使用中，内燃发动机是持续地在一个最佳的速度下连续运转。从静止到加速、减速、换挡或等待绿灯放行时的空闲所浪费的全部能量将进入作为有用的能量进入系统。情况显示，这就会节能 50%。由于发动机是在一个理想的温度下连续运转，这就使得燃烧更充分，因此也就使得有毒烟雾的排放降低 80%，又由于未燃烧的气体不进入大气，也可以节约燃料消耗的 50%。对这种情况最初的计算后来在德国又得到了支持。如果发动机转速恒定，系统中各个不同部件的不同共振频率也就不同于发动机的共振频率，噪声从而也就衰减了。如果背景噪声为 65 分贝，动力系统的噪声在 10 米以外就听不见了。该装置样机的制造和试车是在玛丽女王学院的思林教授的指导下进行的。类似的混合式方案目前在德国和日本也得到了开发。

在该系统中，单个元件自身不具有革命性。各种不同的单个元件以创新的方式组合起来才具有新意。为什么这样的动力系统在此之前不能被设计和开发出来？我们认为，原因似乎是它们必须用约 15 年的时间来融入我们的理念：具有生命力的产品应该是节约能源和材料的，其装配成本应该是合理的，维修服务也能够得到开发。这与自动设计的性质完全相反，自动设计的理念是，产品的不可维修和一次性使用，其中包含了大量的能源和材料的浪费。

正当卢卡斯航空航天联合管事委员会的工作人员构思这种动力系统时，在其他汽车制造厂的同行正在设计和开发一种发动机，这种发动机在跑完2万英里或者两年之后就可以扔掉了，不论是还不足两年就跑完2万英里，还是满两年后还不足2万英里都是如此。他们想法是，把发动机装配到齿轮箱的动力输入端是一件很简单的事，因此在发动机的使用寿命终结之后，也可以简单地拆卸并且用另一个发动机替代。人们加水加油的乐趣甚至都被拒绝了。这是罪犯式的不负责任的技术，如果整个社会的政治和经济的基础设施都基于这种技术设定，也就是说，提高产品的淘汰率，从而提高生产率和消费。我相信，在这种浪费和傲慢的生活方式之下，西方社会维持不了多久。

多用途发电

我们利用空气动力学知识，策划风力发电机系列。有时，这些发电机拥有独特的转子控制。其中，被用于导热的液体也用于增强制动装置的效果，在这个过程中，液体也被加热了。　125

我们策划了一个产品系列，可以用在第三世界国家。当我们觉得我们的有些技术适合于第三世界国家时，我们应该非常谦虚地向他们推荐。我们已经让技术把我们的社会搞得惊人地混乱，有鉴于此，也许第三世界可以向我们学习的最重要的经验是什么样的事情不应该做。如果认为只有我们西方人拥有的技术才是真正的技术，这是一种傲慢的想法。我们能够看到，符合其他那些国家的文化与社会的技术没有理由不应该存在。

目前，我们与这些国家的贸易具有新殖民主义的本质。我们寻求向他们引入一些将使他们依赖我们的技术形式。例如，我们出售动力系统时，总是寻求每种动力系统只有一个用途；也就是说，一个动力系统用于发电，另一个用于水泵抽水，等等。

卢卡斯航空航天联合管事委员会的职工们则完全不同。他们设计的通用动力系统可以提供广泛的服务。它的发动机可以使用多种不同的燃料，包括在自然界中就可以直接获得的燃料，如沼气等。

通过特殊的设计，齿轮变速箱的输出速度可以大范围的变化。这种装置能够提供夜间供电的发电机所必需的速度和动力。当这种发电机低速运转时，它可以驱动空气压缩机，而空气压缩机可以用于驱动气动工具。它还可以驱动液压泵，从而为起重设备提供动力，它能够以极低的转速为水泵提供动力用于灌溉。这种装置几乎可以一天 24 小时连续运转，满足若干不同的用途。

126　在考虑这种设计时，各种不同轴承表面做得比一般轴承大，各个部件精心地设计成几乎是 20 年免维修。用户可以按照说明书自己维修，在实践中学。

公路和铁路两用车辆

在 20 世纪 50 年代中期，卢卡斯航空航天联合管事委员会耗费 100 万英镑开发出一种操作机构，用这种机构可以把充气轮胎安装到轨道车辆相应的位置，从而使轨道车辆也能在公路上行驶。在纯轨道模式中，仍然是金属轮毂在铁轨上运转，这样会使得轨道上的震动全部都传导至车辆的上层。这种刚性的上层结构无疑是我们从维多利亚时代的车辆设计继承来的。

同样，在这方面也有别的思路，沿袭这个思路的是卢卡斯航空航天联合管事委员会的职工们和理查德·弗莱彻以及他在东北伦敦综合理工学院的同事们。通过使用一个带有伺服系统反馈的小型导向轮，带有充气轮胎的车辆就可以沿着轨道在铁轨上行驶了。

随着导向机制的回缩，这种车辆能够以常规的方式在公路上行驶。它也能使灵活的轻型车辆沿着铁轨爬坡，其坡度为沿着水平线前进 6 米，就上升 1 米的高度。

常规的轨道车辆，由于在金属轮毂和金属轨道之间摩擦力小，因此它们能够爬的坡度为：沿着水平线前进 80 米，才能上升 1 米的高度。这就意味着，在发展中国家，如果即将铺设新的铁路线，必须把高山夷为平地，把沟壑填平，或者建筑隧道或高架桥。通常，这样每英里铁轨要耗资 100

万英镑。有了这种混合式交通工具，铁路就可以倚天然地形而建，这样的铁路每英里耗资 2 万英镑。这种交通工具当然也可以在废弃的轨道上行驶，以服务边远地区。

公路铁路两用车的样车已经在东北伦敦综合理工学院建成，并且在东肯特铁路试车，获得了巨大成功。在英国各地，人们对这种交通工具越来越感兴趣，因为它能提供一个基础，以支持混合式的交通系统，让车辆在城市间穿梭，并且直接开上铁轨行驶。[①] 127

人工肾

卢卡斯航空航天联合管事委员会的职工们不仅设计和建造了新产品。他们也要大大提高现有的一两种产品的产量。其中，有一件产品是家用透析机或者叫人工肾。在 20 世纪 70 年代中期，管委会曾经试图把自己单位内部的透析机生产机构出售给一个在瑞士运作的国际公司。当时，我们能够阻止他们这样做所使用的方法是威胁行动和下议院议员的介入。当我们考察英国对透析机的需求时，我们感到震惊，每年有约 3000 人死于得不到透析机。在伯明翰地区，如果你不足 15 岁或者年过 45 岁，就会像一位执业医生所说："让你走下坡路。"医生们和医院的管理者们就像法官和陪审团一样，决定着谁将被拯救。一位医生告诉我，看到这种情况，他感到很痛苦，他承认有时他不告诉病人家属发生的这种情况，因为这会使他们很难受。

有一档电视节目我看后很郁闷，那是采访一位教师，她已经年过 45 岁了，而且让她"走下坡路"。她说，到了某个时候她就会自杀，这样她的孙辈们就看不到她走向衰弱的过程。埃尔尼·斯卡波罗是联合委员会的秘书，他说："令人无法容忍的是，当卢卡斯航空航天联合管事委员会的成员除了遭受失业大军的沦落之苦以外无事可干时，国家还必须每周给他们 40 英镑，他们这时就被当成了冗员。事实上，如果把管理成本考虑在内，每周就不是 40 英镑而是 70 英镑。我们的职工应该得到这些钱，而且应该被允许生产那些对社会有用的产品，如透析机。当然，如果社会契约还有什么

意义，如果还有一样东西叫社会工资，那就意味着，在我们为了能够扩大
128 医疗服务而放弃增加工资之后，我们也应该有机会生产社会所需要的医疗
器械。"

遥控装置

在"公司计划"中，最重要的政治和技术方案之一是设计"远程操纵
手"装置。有了这些系统，人们就可以实时和随时地把握着控制能力，而
且这种系统只能模拟人的动作，而不会把人的动作对象化。因此，生产过
程还是由生产者主宰，职工们的技能和聪明才智是人类活动的核心内容，
而且会不断地增强和发展。这就把人的智能和先进技术联系起来了，而且
有助于逆转将人的知识对象化的历史趋势，从而逆转上文所述的职工们面
临异化和对立力量的情况。

卢卡斯航空航天联合管事委员会的职工们，他们通过自己的各种做法
拥有了自己的产品观念，而这些做法本身就具有启示作用。有人向他们提
出，如果谁能找到保护北海石油管道维修工的方法，那就是对社会的高度
负责。这些维修工的事故发生率很高，因为他们必须在深海工作。

由于他们已经习惯于传统的设计方法，因此他们立刻想到的是机器人，
机器人可以完全替代人类。但是，当他们开始考虑编程问题，即让系统认
识哪种六角螺母需要调整并且能够选择正确的扳手和正确的力矩时，他们
认识到这是极其困难的任务，而且还没有考虑依附在六角螺母上的甲壳动
物遮挡了视线，使他们看不到螺母的外形。但技术工人在执行这种任务时，
甚至都"不加思考"。他们只是需要看一下螺母和螺栓的直径就会通过多年
的经验知道使用多大的力矩就可以把它拧紧，以后也不会松动，同时还不
会把它拧断。在没有诸如该金属材料的扭转刚度和切变强度等的科学知识
的情况下，工人们也能够正确地完成任务，而且能重复多次。

这就是说，工人们并不用语言表达这种知识，包括以书面和口头形式。
129 他们的知识和智能体现在他们的工作中。在第四章中描述的常识和意会知
识是这种系统的核心内容。

把机器人在这方面的智能与人类处理信息能力加以比较，我们可以看出，机器的数量级是 10^3 至 10^4，而人的数量级是 10^{14}。与这个 10^{14} 随之而来的是意识、意志、想象力、意识形态、政治抱负。正是这些属性被雇主认为具有破坏性。

人是麻烦，机器是服从

人们不必从事社会学研究也能搞清楚这个标题的道理。跨国公司和雇主们如此傲慢，以至于他们不断地把它付诸文字，生怕我们不理解。十年前，《工程师》杂志有一个大标题就是："人是麻烦，机器是服从。"[②] 因此，如果不出意外，今天系统的设计是围绕 10^3 进行的，而 10^{14} 则故意被遏制了。这是一个政治行为，它是权力关系在生产领域的反映。

卢卡斯航空航天联合管事委员会的职工们感到，只有那些有毒和危险的工作应该被自动化，从而使它们不再危及人类。他们质疑的是，政界把这种自动化提升为普遍原则。

使工作者沉默

有人曾经指出，技术变革更多地是控制劳动力，而不是提高生产率。[③]安德鲁·尤尔在他的《制造的哲学》一书中表述得更明确：

> 企业家的目的是要把必须由能工巧匠完成的工序，输入一种有自身调节能力的系统，其自身调节能力如此之好，以至于儿童都能够监管它。因此，制造商的宏大目标是凭借资本和科学的结合，把工人们从事的那种警觉而又灵巧的任务降低为简单的连儿童都能操作。

资本和科学实现这个目标的成功情况生动地记录在 1979 年 7 月的《美国机械师》中。该杂志报道，有一个工程公司当时就发现，数控机械加工中心理想的操作员就是智障者。

有一种被当作从事这种工作的理想类型的工人，他们的智力水平只有12岁。雇主得意洋洋说："他严格地按照教给他的方法加载每个表格，注视着系统的运作，然后卸载。这是令人厌烦的工作，非残疾的人或许难于应对。"

如果这真是给智障者提供工作机会，那倒是应该赞扬的。这种装配工序本来都是高技术工人的工作，如车工和铣工，有成就感，有创造性，但是用这些新技术实施的去技能化却使12岁的儿童都能完成这些工作。

这种去技能化是一个历史过程④，它是一种重要的手段。凭借这个手段，雇主可以扩大对雇员的控制。但在更广的意义上，它摧毁了围绕实施这些技能的各种社会和文化价值，也摧毁了他们习得这些技能的手段。的确，我们似乎严重低估了技能和工艺在教育、文化和其他方面的意义。⑤

凭借一些非常具体的、围绕遥控装置的方案提出这些问题是很有意义的。卢卡斯航空航天联合管事委员会的职工们确实开发出一些深刻的政治理念，在更广的意义上，发展这种理念的还有那些策划以人为中心的系统的人，他们策划的这种系统甚至包括一些高智能活动领域，如设计。

社会创新

假如航天技术专家们认为，应该由他们来规定社会应该拥有什么，我们认为这种想法是傲慢的。卢卡斯航空航天联合管事委员会的职工们也深深地意识到，假如把辩论局限在他们所在的领域，就是一种新精英主义的表现。因此，我们做出努力，参与到整个社会对此问题的讨论中去，从而与社会互动，向社会学习。我们通过当地的工会、各个政党和其他组织，让人们确定他们需要什么，并且开始创造一个公众舆论的有利环境，有利于我们迫使政府和公司采取行动。

为了这个目的，卢卡斯航空航天联合管事委员会的职工们与东北伦敦综合理工学院的理查德·弗莱彻合作，把长途客运汽车改造为公路铁路两用车。作为提高意识的一种方法，这种车辆也用于一种技术宣传，还有摄影展览、幻灯片和录像。这些宣传方法描绘了支持"公司计划"的概念，并且展示了一些付诸实践的样机。各城市的工会分支机构、贸易委员会和社区组织在当地组织人们参观了这种车辆，在一些大型公众集会上，技术专家、工人和公众之间展开了讨论，从而使活动达到了高潮。

在这种车辆的展览会上，还展出了丹尼斯·马歇尔的摄影作品，他是卢卡斯航空航天联合管事委员会的技术工人。他的摄影作品生动地表现出"公司计划"不仅解放了雇员们的技术创造力，而且也解放了他们的艺术创造力。丹尼斯·马歇尔用他自己的照相机生动地记录了污染、城市的衰败、被遗弃的铁路线和危险的核废料。我在皇家艺术学院做讲演时，使用了这些照片，人们感到很惊异，产业工人还能创作出如此令人难忘的作品。我提出，如果他们都参与卢卡斯航空航天联合管事委员会工作，并且让丹尼斯·马歇尔的作品在皇家艺术学院展出，我们大家都会受益。

工会的反应

在国家层面上，工会运动给予"公司计划"很少的支持和鼓励，尽管也存在一些积极的发展。例如，工会代表大会制作了一个半小时的电视节目，内容涉及该"公司计划"，这档节目已经在英国广播公司第二套节目播出，它是工会培训工人代表节目的组成部分。

运输与普通工人工会发表过一个声明，声明指出，它在全国的工人代表应该促进这种公司计划。1986 年，运输和普通工人工会发表了一个重大的政策声明，内容是军工转产至可用于社会的生产，因为军费开支有了一个阶段性的削减。现在，这是该工会正式的政策。 132

在国际层面上，这种情况更突出。例如，在瑞典他们制作了一个 6 个半小时的广播节目，专门讨论"公司计划"，而且还制作了一个盒式录音带，这些节目的内容是全瑞典正在讨论的问题。他们还制作了 1 个小时的电视节目，还有一本平装书，是瑞典文的。类似的情况也发生在其他地方。澳大利亚推出一些电视和广播节目，包括一档节目叫作《科学演示》，内容涉及卢卡斯航空航天联合管事委员会计划的理念。金属工人工会撰写了若干报告，内容涉及可利用的现有资源，如铁路系统，为的是开发新型运输服务。澳大利亚政府还成立了一个未来协会，我还在该协会的成立大会上做了发言。

过去，我们的社会非常擅长于技术发明，但社会的革新却很缓慢。我们已经在技术上取得了很大进步，但我们的社会组织形式几百年来几乎一直保持不变。瑞典电视台的一些采访者说："当人们着眼于英国的过去时，它曾经有伟大的科学技术发明，但常常得不到开发利用。卢卡斯航空航天联合管事委员会的职工们开发的'公司计划'展示出一种伟大的社会发明，但或许它也没有得到开发或在英国推广。如果这是事实，那会让人感到很郁闷。"

"公司计划"中的技术内容

尽管卢卡斯航空航天联合管事委员会的职工们所做的努力，其社会和政治含义已经受到充分的注意，但"公司计划"中包含的技术内容则大都被忽略了，有时甚至是被职工自己忽略的。在这个计划中，技术所采取的形式被充分强调，还有产品及其生产方式也被大量地强调。在对该计划的批判中，尤其如此。⑥

人们不愿意涉及该计划的技术内容。一方面，是由于科技领域中的左派显然没有这个能力；另一方面，是由于他们对技术漠不关心，因为就像在上文中提到的那样，技术被认为是"中性的"。

卢卡斯航空航天联合管事委员会的职工们努力寻找并详细辩论过的技术形式是那些能够充分发挥脑力和体力劳动者创造性的技术形式，而这些技术形式只能在无等级的工业组织结构中运作。因此，生产现场的人认为，技术和设计方法以及起源于劳动者的劳动本质，对这些问题的思考与对政治的思考同等重要，这完全是因为这些劳动者没有把对这些问题的思考与对政治的思考分开。的确，卢卡斯航空航天联合管事委员会的职工们看到，从他们的"公司计划"中出现的最正面的特征之一就是各种各样的讨论，这些讨论发生在工作场所管理人员和各级职工代表之间，从科学家到半熟练工人，他们也来自各个公司，包括威克士、帕森斯、罗尔斯—罗伊斯、克莱斯勒、邓禄普和索恩埃米电子公司。这些讨论并不仅仅围绕政治问题，而且还针对技术的本质和设计方法论提出了一些深刻的问题。

在设计和建造模型的过程中，一位职工说，他们发现，"管理并不是一项技能或手艺或专业，而是一种命令，一种从军队和教会继承来的坏习惯"。

他们并不认为长期计划、项目管理和项目的协调与统一步调不重要。他们的意思是，工作中的这些概念性和计划性内容应该融合到劳动过程中去，从而确保从事实际工作的人们也能对工作做出规划和管理。

在历史上，当伟大的建筑师们设计、规划和管理乃至于建造他们自己的建筑时，其组织肯定是一种等级制度。但是，这种等级制度的基础是领导的合法性，因为那些做管理的人都是内行，他们自己也拥有各种技能。

上文提到，人们反对用管理来去除工作中内在的概念因素，反对让这种概念因素掌握在代表资本的人们手中，而资本现在已经外在于生产过程了。目前有大量的非生产人员为外部资本工作，他们就像警察一样，其中包括会计人员、金融策划者、监管人员等。这种情况属于金融资本越来越主宰工业资本的过程，这是一种濒死的阶段。在这种状态下，资本生产的重要性越来越大于生产本身的重要性。

然而，这并不意味着，项目规划、金融控制和其他技能不重要。卢卡斯航空航天联合管事委员会的职工们提出：应该给产业工人提供有利条件，让他们习得这些技能，而不是让这些技能借助粗俗的权力关系反对产业工人。职工们也同时表明，用于"社会主义技术"的设计方法论如果已经存在，也是处于孕育之中，它一定与用于我们目前技术的设计方法论完全不同。

目前在技术先进的国家，资深的设计师和技术专家在告知工人应该做什么之前，要花费数月的时间画出样品或样机的图纸，并且进行分析。其设计阶段包括经过抽象化的复杂的数学步骤，这些步骤之所以必要仅仅是因为出于商业原因，必须最充分地使用材料。材料和产品系统的设计目标是让产品在被废弃之前，能够精确履行规定的功能。经过抽象化的数学步骤是在广大产业工人经验之外的，这样就可以抑制他们的常识。

突出的例证

　　在计算机专家中有一种流行的思潮，他们认为，对所有的难题都有解
135　决方法，而且不一定有丰富设计的实际经验支持。这种情况的一个突出例
证已经在美国出现了。在一个飞机制造公司，他们聘用了一个由 4 名数学
家组成的团队，4 人都有博士学位，该公司要他们为大型喷气发动机的后
燃室的图纸绘制编制一套程序。这种装置的形状极其复杂，他们企图用孔
斯曲面来定义这个复杂形状。他们花费了两年时间处理这个难题，但没能
找到满意的解决方法。

　　然而，当他们进入飞机制造厂的实验室时，看见一位熟练的钣金工和
一位绘图师在一起，实际上已经成功地绘制并且制造出一些孔斯曲面板。
其中一位数学家看到，他们的制造是成功的，然而他们并不理解是怎么做
出来的。我认为，这明确地表示了他们的实际能力。它凸显的情况是，绘
图师和钣金工的三维技能被轻率地排除了，因为有人要用机器取代人。他
们通过若干年的制造实践习得的知识均被视为是破碎的、无意义的、无关
紧要的，甚至是危险的。

　　"公司计划"中所策划的样机生产方法正好与上文所述的相反。车间的
工人们有充分的机会发挥他们的技能和创造力，因为样机的设计更多地是
凭借意会知识，而不是分析。

　　在这个社会，用特殊形式的技术故意淘汰这些知识财富，想起来让人
沮丧。显然，以这种技术为基础谈论工业民主就是欺骗。

设计中的一个因素

　　那些权威，不论是左派还是右派，他们无疑会认为，卢卡斯航空航天
联合管事委员会的职工们的努力是幻想，是不严谨的，是不科学的。这种
想法忽略了一个事实：满足社会真正需要的愿望绝对是一种重要的动力，
136　它可以优化质量，促进创造性的设计，而且在设计中是一种质的因素，是

不能像量化因素所能做的那样，用数学方法处理。

对科学技术持有这种观点的人不仅有卢卡斯航空航天联合管事委员会的职工们。霍华德·罗森布鲁克是英国顶尖的技术专家和学者，他最近在一篇文章中说：

> 我自己的结论是，工程学是一种艺术，而不是科学。我这样说是要抬高工程学，而不是贬低。科学知识和数学分析是工程学不可或缺的，其作用在不断加强。但工程学也包含一些经验和判断的因素，而且注重各种社会思考和最有效地使用人力资源。这些情况部分地说明，知识并没有被简化为精确的数学形式，同时它们也体现出了价值判断是不受科学方法控制的。[7]

以人为中心的系统

霍华德·罗森布鲁克是一位极具创造性的科学家，他开发了一些先进的、具有互动功能的绘图系统，这种系统真正地把设计师和人的智能置于设计过程的中心。

在计算机辅助设计的领域，他的警告是，如果计算机成为一种自动设计手册，给设计师留下的选择就很少，我们对此要当心。他说，这种自动设计手册"在我看来体现了一种勇气的缺失，一种对人类能力的怀疑，从而引起对'劳动分工'学说的不加思考的应用"。设计师的工作被贬低为在一些已经确定的选项中，做一些例行程序式的选择，在这种情况下，"设计师的技能不是被利用，而是被浪费"。[8]

霍华德·罗森布鲁克的互动式绘图系统与它们的基本数学技巧一起，在他的书中得到了描述。

他开发了一些图形显示功能，使设计师可以根据这些评估稳定性、反应速度和对干扰的灵敏度以及其他的系统特性。[9]他和他的同事们做的这些工作使用的是逆奈奎斯特阵列。霍华德·罗森布鲁克用他的计算机辅助设计系统，展示出了这些难题可以用另一些方法解决。然后，他又把问题扩

137 展：在其他的脑力劳动领域，我们是否也不削减选项，我们以前在体力劳动中用过这种方法。他给这种情况起的名字是卢夏丘陵效应。

包括约瑟夫·魏泽堡在内的其他一些计算机科学家，他们现在提出了一个严肃的问题：他们的工作要把社会推向哪里？对人类及其自我形象可能有什么样的影响？⑩

在对这种关注的忠实表述中经常缺乏的是对社会上各个势力的经济和政治分析。正是这些势力控制着科学技术，并且把科学技术加以歪曲，使其履行特殊阶级角色。

因此，在卢卡斯航空航天联合管事委员会和其他地方进行的讨论实际上应该被视为一种全面的质询，质询科学技术在先进的资本主义中的发展方式。与这种质询相联系的是对技术的组织形式提出的挑战：澳大利亚的"绿色禁令运动"，意大利菲亚特公司的工人超越狭隘经济主义的努力。长期以来，这种经济主义也是工会运动的特点，还有在瑞典阿尔戈茨诺德的妇女无畏的斗争。⑪绿色禁令运动是由澳大利亚的建筑工人在20世纪70年代发动的。这种运动力图把他们在产业方面的强项和罢工的力量与各个社会群体和保护者们联系起来，为的是阻止开发商把具有建筑学、文化或社会意义的建筑毁坏。这些禁令也被用于保护某些土地，这些土地被认为对地方社区是很重要的，是遗产的重要组成部分，为了子孙后代这些土地应该受到保护。菲亚特公司的工人策划了一些替代性产品。阿尔戈茨诺德的女工们，当她们面临自己的服装厂关闭时，勇敢地接管了服装厂，并且走出去询问社区和一些职业群体，如护士和电工群体，询问他们喜欢什么样的服装或工作服，然后和他们一起设计新的产品系列。

这些力量可以联合起来对整个系统提出挑战，他们是社会转型的领跑
138 者，把社会从它目前所处的具有剥削性的等级形式转型至一个新型社会，控制论的奠基人诺伯特·维纳曾经说过：这种情况

有别于许多法西斯主义的成功商人和政客的说法。这种类型的人们偏爱信息自上而下地传播，但没有任何反馈。下属被贬低为感受器，属于所谓的高等生命体。在某些情况下，人的能力中只有很少部分被

用到，改变这种情况比较容易，难的是创造一个人们能够充分发展的世界。那些争权夺利的人们相信，从机械论的观点看待人类就构成了一种实现人们对权力渴望的简单方式。这种简单地攫取权力的方式不但损害人类的全部伦理价值，而且还损害了我们对人类持续存在的微弱渴望。

各种新型的技术突出了一个事实：我们正处于一种独一无二的历史转折点。

第八章
卢卡斯航空航天联合
管事委员会的计划：过去了十年

卢卡斯航空航天联合管事委员会的职工们为有益社会的生产制定的计划现在出名了。在该计划的首页，有一段陈述是："在腐败堕落之海中，不可能存在着社会责任的岛屿。"职工们自己也完全不相信，可以仅仅在卢卡斯航空航天联合管事委员会内部树立生产有益社会的产品之权力。相信这一点的似乎只有那些挥舞指挥棒的人，或者那些力图把职工们的活动谴责为乌托邦的人。

卢卡斯航空航天联合管事委员会的职工们所做的是启动了一个示范性项目，该项目引发了人们的想象。为了做到这一点，他们认识到，需要以一种非常具有实践性和直接的方法来表明"普通民众"的创造力。而他们做这些工作的方法是向"普通大众"确认，他们也拥有改变自己处境的能力，他们不是历史的客体，而是历史的主体，能够建立自己的未来。

卢卡斯航空航天联合管事委员会的职工们看到了现代工业社会的怪诞和荒谬。他们意识到，广大民众越来越处于无能为力和挫折的状态，而决策权越来越集中在大型跨国公司手中，这些公司的规模和活动削弱了民族国家的决策权。职工们有一个勇敢的努力是收回宝贵的决策权，这些决策权是那些规划者、经营者和协调者从民众的手中夺走的，他们突出并加剧了工业社会的主要矛盾。

我们对自己技艺和能力的审视，我们在不同的工厂车间所做的调查，对生产设备和产品系列的分析和评估。这些都表现出我们的意识有了巨大的延伸，因为我们观察世界的视角本来是我们操作的车床或者我们工作的办公桌。我们从来没有受到鼓励或允许，用全景的视角观察我们的工业，思考怎样才能让它更广泛地适应我们的社会。

包括在该计划中的产品样品或样机曾经被大规模地建造和展示。卢卡斯航空航天联合管事委员会的职工们向工党政府指出，他们代表着"权力向劳动人民的利益不可逆的转移"。工党政府，尤其是工业部，显然没有理解这样一个情况：有人重视产品的使用价值，而不是交换价值。此外，大多数工会官僚对普通民众的行动感到愤怒，认为这是对他们领导权的挑战。

整个的运作情况非常直白地向卢卡斯航空航天联合管事委员会的职工们表明了权力关系的本质。例如，当他们计划生产位于内燃发动机内部的天然气热泵时，管事委员会驳回了该计划，说是无利可图，而且与他们的产品系列不匹配。伯恩利（英国城市——译者）的职工后来透露，管事委员会曾经为他们准备了一个报告，是美国顾问撰写的。报告表明，到 20 世纪 80 年代晚期，在欧洲经济共同体国家，在私人和工业部门，热泵的市场有 10 亿英镑。卢卡斯航空航天联合管事委员愿意放弃这样的市场是为了表明，是它，而且只有它来决定生产什么、怎样生产以及为谁而生产。随后，职工们很快地认识到，他们不仅是在与经济系统打交道，更是与要把持权力的政治系统打交道。

卢卡斯航空航天联合管事委员转而采取攻势并且错怪了某些主要的管理人员。这引起了世界范围的抗议，但也有一些来自工会领导层的不充分的支持。卢卡斯计划被工党政府排斥，也被各个工会拒绝，但也有例外：运输和普通工人工会对此是支持的，还有来自科学技术及管理工作者协会无关痛痒的支持。卢卡斯航空航天联合管事委员会的职工们从而感到，关键的战略立场是，通过工党和工会运动，尽可能广泛地传播这些理念。他们组成了一个工会联合委员会，并且撰写了很有价值的报告。同时，他们越来越多地和参与地方政府竞选的人们讨论这些问题。

140

伦敦大区企业董事会

伦敦的工党在它 1981 年的竞选宣言中保证，如果他们执政，将按照卢卡斯航空航天联合管事委员会的职工们的计划对产业进行重组。

工党一经当选，就热衷于实现自己的诺言。他们在郡政厅建立了产业与就业委员会，其早期的工作就是建立了伦敦大区企业董事会。在董事会刚成立的两年半中，伦敦大区市议会每年提供给董事会大约 3000 万英镑，从而重建或协助了 208 个公司，直接创造了大约 4000 个工作职位，间接创造的工作职位则更多。董事会通过自己对各个行业的直接投资就有能力创造一些年收入为 4700 英镑的工作职位。在英国，一个失业者如果有两名家属需要赡养，每年将耗费纳税人 7000 英镑。

顺理成章的情况是，一个像这个项目一样具有创新性质的项目，也就是说，没有真正先例的项目，会遇到许多困难。除了其创新性质所产生的困难以外，在长期和短期投资策略之间还有矛盾。新产品的设计、研究和开发通常需要长达 10—15 年的时间。但设计研发这样的产品随之也就成为国家生产活动的组成部分，从而有助于创造真正的财富。即使是在城市圈内，人们也越来越认识到，城市需要的不仅是那种具有快速回报的投资。

伦敦大区企业董事会所取得的成就，尽管具有局限性，但必将在一个具有敌意的环境中被人们所认识。在这样的环境中，伦敦大区企业董事会认识到，自己既能在国家、也能在地方层面上发挥作用。当然，伦敦大区企业董事会是在顶着经济的潮流游泳。它的从无到有，它努力在一个历史阶段中发挥作用，这些情况的发生正值金融资本主宰工业资本之时，正值英国的基础制造业迅速衰落之时。在伦敦大区，这种趋势受到撒切尔政府的鼓励和支持，已经把伦敦变成了世界的金融中心，但制造业急需的那种支持却很少。

政府决心废除伦敦大区市议会也在所有这些困难中增加了新的困难。在这些特殊的意义中，在 1985 年，伦敦大区市议会的前途有几个月的不确定性，终于在 1986 年 3 月被废除了。这样对伦敦大区企业董事会及其项目起到了很大的毁坏作用。政府在 1986 年 3 月决定拒绝释放剩余的 800 万英镑，这笔钱是伦敦大区市议会提供给伦敦大区企业董事会的。这个决定肯定意味着，在可预见的未来，它的活动能力将受到极大的限制，它的许多项目将面临危险。

但是，已经明确的情况是，它的许多具有示范性的项目显示未来的其他选项：它的企业合作政策，它的企业规划和机会平等的框架，以及这些因素与伦敦总体的工业战略和企业规划的关系。[①]尤其是伦敦大区企业董事会的技术政策已经吸引了国内和国际的注意，当然也吸引了效法。这个政策基于一个想象的框架，这个框架早在 1983 年就与伦敦大区市议会是一致的。[②]这个框架提供的条件使得新的高技术公司得以成立，它也为以人为中心的生产方式提供了可能性。也许，它的最具创新性的因素是建立遍布伦敦的技术网络的计划。[③]这些情况得益于卢卡斯航空航天联合管事委员会的职工们的理念，也得益于荷兰科学工作场所的经验以及西德的创新中心和科技园区的有力条件。

伦敦大区企业董事会的技术网络

这项政策的关键是把伦敦的两种庞大资源联系起来了，一个是伦敦人的技能和智慧，另一个是伦敦高等教育的基础设施，包括七所综合技术学院和三所大学，还有许多附属于医学院校的医院。

网络的两种基本形式已经被策划和建立起来：一个形式是以地理位置为基础的网络，另一种是以产品为基础的网络。东北和东南部网络为相应的地区提供设施的支持。1987 年 1 月，伦敦西部的四个自治镇和伦敦大区企业董事会一起，推出了一个计划，计划建立伦敦西部的网络，要求伦敦西部的自治镇提供经费，要求伦敦大区企业董事会提供建立和运行该网络所需的技术专家队伍。

这些地域性的网络已经证明，建立这种网络要比建立基于产品的网络难度大。第一，构成社区的因素是什么？第二，当"社区"会议被要求明确它们希望从网络得到的产品和服务的类型时，出席这些会议的一概都是那些已经习惯于出席会议的人，在每次会议上，他们都重复同样的话，不论会议的在主题是炸弹、失业还是别的什么。要让人们真正触及现实是很困难的。此外，许多"社区活动积极分子"在传统上把精力集中在分配的矛盾上，但却丧失了对生产中产生的矛盾进行严肃的分析。他们往往是索取者，而不是建设者，他们更关心的是对资源的控制，而不是开发新的资源。

但是，那些正在死亡线上挣扎的低体温症患者，那些没有财力做透析的肾病患者，那些因缺乏资源而无力克服一些相对简单的残障而不能行动的人，他们的需要如此清晰、如此显著、如此明确，以至于那些公开宣称要面对社区需要的组织很难有理由逃避为他们提供服务。由此可见，这样一个结构经过逐渐的演变，它就使得该网络能够对社区和其他方面的需要做出创造性的反应。

基于产品的网络一般能够比较容易地建立起来。它们拥有一种比较清晰之框架的内聚性。有三个这样的网络已经建立起来了：新技术网络、能源网络和运输网络。每一个网络都把人员、技能和设施结合起来了。主要设施就是位于大学或综合技术学院附近的工作场所，但肯定不在校园内。大学校园可以处于非常隔绝的状态，隔绝于失业者，隔绝于对世界有真实和切身体验的人，隔绝于女性群体，隔绝于少数族群，也隔绝于残障人士（他们也可能隔绝于学生，但在这个阶段，他们没有很多选择）。因此，那些建筑有了确定的位置，这就使得学界和社区相遇在中性的场地，人们使用的多种技术设施和技能是具有支持性的。在这种情况下，希望支持自己的常驻社区的学者们有一个框架，他们能够在其中提供支持而又不会沦为跨国公司的工具。此外，可以向学生提供使他们振奋的项目，而不是那种人为的不自然的和使人消沉的项目。

每个技术网络都按照受限于保证的公司组建，有了该保证，伦敦大区企业董事会就根据既定的目标和项目，每年都有一个提供资金的协议。网络管理委员会通常会加入到代表当中，他们代表着地方议会、工会、特殊利益群体和地方学术机构。

即使对于高技术项目来说，其政策也是根据在实际工作中产生的设计来提供一个符合实际的环境。每个网络有 6—8 名技师、工程师和支持人员，他们理解普通人的意会知识，而且能够与之建立联系。每一个网络建筑的工作场所空间都有 4 倍于办公室的空间，这样便于行动，因为存在着一种切实的危险：任何与地方政府相关的事情，都会迅速沦落为报告的撰写，而且也有一些人认为，最终的产品是报告，而不是指导某些随后的实际行动。问题仍然是要改变世界，而不仅仅是分析世界。

每一个网络都已经开发了自己的联系单位和产品范围。

项目

东北部网络现在已经转变为"伦敦创新网络"，仍然服务于该区域，同时也为整个伦敦提供创新服务。它最令人振奋的特征之一是，残障人士与工程师和技师们一起工作，为残障人士自己设计新型设备。有些设备具有理疗功能，并且与地方当局支持的新型理疗计划相关。还有一些人为残障人士和老年人提供行动辅助设备。

能源网络创造了一系列富于想象力的产品和服务。其范围从能源审计系统到建筑物的改造计划。能源审计系统用于分析能源需求和建筑成本，并且给出所需供暖的更有效的方法。单位承租者由于缺乏资金，已经被告知联系建筑协会和银行，它们将提供资金，从而使得建筑能够被改造为节能型，承租者从而能够支付两年的费用，到期后它们将拥有永久性的收益，这就是节能后的结果。降湿器与节能系统结合起来，降低的不仅是取暖成本，而且还有冷凝带来的困难。

另一方面，专家系统得到了开发，使用的是非常先进的计算机技术，这是与医学院附属医院合作进行的。这些系统提供的是技术，凭借这些技术，先进的专家知识能够被传播，从而返回到普遍的实践和社区中。因此，在普通的从业人员和医学专家之间就有了民主化的决策过程。数据库提供给医疗工作者和病人不同的治疗方案，从而鼓励他们之间的对话。

这样在专家系统避免了在美国出现的难题，即只有医学专家的小型精英群体才能获得知识。医学专业越来越非技术化了。伦敦系统意味着人们不需要进入大型的、令人有陌生感的、像工厂一样的医院去治疗所有的重大疾病,在未来有些疾病可以在当地社区由一般的开业医生治疗。

在运输行业,新型的助力自行车被开发出来了。这种有益生态的运输形式将给予人们更为自然的锻炼方式,而不是在健身房内的那种固定的自行车上锻炼身体。动力助推自行车将使得已经不骑自行车的老年人重新骑上自行车,因为动力可以帮助老年人爬坡。但这需要城市里拥有自行车道这样的基础设施,而伦敦大区市议会在它废除之前就已经开始这项工作了。

其他产品包括"安静的孩子",该产品用来衰减内城区的车辆噪声,这样可以为将来的立法奠定基础。

仍然是在交通领域,卢卡斯航空航天联合管事委员会的职工们开发的公路铁路两用车辆的一个成果是一种新型的合成轮胎,它保留了充气轮胎的优点,但不会被刺破。④

综合技术院校支持了细胞固定技术。这就使得生产和储藏真正的麦芽酒成为可能,而且还有其他的应用,比如酸奶生产。

现在有许多网络开始提供新的产品,这是一种打开新市场的途径,它们也向现存的伦敦大区企业董事会和伦敦的其他公司提供新产品的建议。在未来的几年里,这些公司的产品将经历一些困难。未来的理想产品是可能得到的,比如黑色交易就能得到这样的产品,黑色交易太经常地被限制在贫民区贸易中,也被限制在合作社中,因此它们没有与市场经济的残渣一起留下。全部这些行动产生的结果是,现在已经建立起一个产品名录,其中包含了 1500 种产品,它们处于开发的不同阶段,有的还是概念,有的是样机或样品,还有的已经投入生产。

成品名录是令人兴奋的,尤其是它的开发方式更是如此。有些涉及节能的特殊利益群体,他们有能力开发产品。残障人士也显示出巨大的创造性,这不仅表现在他们为自己设想出一些可供选择的产品,而且表现在设计这些产品的过程中,在许多情况下更表现在制造这些产品的过程中。这些网络也引起了文化转型。在我们的大学和综合理工院校中,人们总是认为思想是重要的,但这仅仅是在概念层面上,如果涉及生产,则有时被认为是二流乃至于有点不入流。教师及其学生们都喜欢进入有社会责任感的框架中，科学和技术思想在此框架中传播到全社会。

医学院附属医院经常不断地开发一些具有个性的设备，为的是进行研究和对病人做特殊治疗。这些产品通常可以使特殊治疗得到推广，同时也为那些能够制造这些新产品的人们提供了工作职位。

所有的产品都与新型的社会市场开发接轨，而这种情况又与大众的规划相联系，从而也就提供了一个结构。在这个结构中，我们会拥有很多市场活力，而且不会漠视对环境的影响和人类的真正需要。

技术的新形式——"欧洲信息技术战略研究计划"的项目

近年来，有一种越来越强的趋势认为，技术的形式只有一种，我们现在可以把这种形式认为是"美国技术"。这种观点在宏观层面上构成了泰勒主义的一种，它相信"最佳的方式只有一种"。然而，认识技术有一种更丰富和更有意义的方式，也就是把技术视为一种文化产品。由于文化产生出许多不同的语言、不同的音乐和不同的文学，为什么文化就不能产生出不同形式的技术？而这些技术形式反映了在使用这些技术的社会中的文化、历史、经济和意识形态志向。欧洲的技术反映出欧洲的志向，包括主动性、我行我素、个人尊严和关注质量等，还反映出欧洲制造业的现实。其中，中小型单位占据优势，这些难道不是欧洲形式的技术吗？

为了探索以人为中心的先进技术的可能性，为了表明它在真实世界的可行性，来自欧洲国家的 10 个合作者一起来到"欧洲信息技术战略研究计划"的 1217 项目。这些合作者加入的是欧洲共同体的"欧洲信息技术战略研究计划"，拥有资金 380 万英镑，他们来自丹麦、德国和英国。卢卡斯航空航天联合管事委员会扩展了遥控装置的计划，1988 年，它要在伦敦建立一个展示中心，第一次展示出以人为中心的计算机集成制造系统。这是一个转折点，从理论讨论到实际展示，展示的是先进的计算机系统与人的技能和智慧结合的潜在力量。

计算机集成制造系统将提供完整的制造能力，这就超越了计算机辅助设计系统。这部分工作由丹麦的合作者完成，他们使用的是曼彻斯特大学理工学院开发的设计系统。他们用这种新型的能力就能够绘制出草图，凭借这种草图，车间的工人们能够与设计者交流，表达他们的看法，从而就有了车间和设计部门之间的对话，这样就能够加强这两个部门的交流。

这项工作从设计部门出发，将一直通向生产部门，其时序安排是由计算机辅助生产系统给出的，这个系统的开发者是德国的合作伙伴。他们正在探索一些令人振奋的可能性，凭借计算机，可以目睹生产的工序，他们也在考虑把这项技术与创新的组织形式联系起来，其中包括"生产岛屿"。实际的机床和生产单元将以计算机辅助制造系统为基础，该系统将在英国设计和开发。计算机辅助制造系统的建造将以工匠的技艺为基础，并且加强这种技艺，从而使得这些工匠成为事实上生产单元的管理者。

我们希望，以人为中心的概念迅速地转变系统设计的模式。对于新型的多学科设计团队来说，这种系统的复杂性对他们的智慧是一种挑战，不仅是对科学技术专家团队的挑战，也是对社会科学、心理学和政治科学专家团队的挑战。这种复杂性对产业关系也有重要影响。最近的 10 年间，有一个特点是工会仅仅对各大公司强加给它们的技术形式作出反应。以人为中心的计算机集成制造系统可以具有这样的作用：工会不会陷入沃平那样的局面（1986 年 1 月，伦敦印刷业的排字工人举行罢工，他们企图阻止报纸的印刷转入沃平的一座新建的印刷厂。在那里，新的计算机印刷技术引入报纸印刷业，用这种新技术记者可以把文稿直接输入计算机，而不需要工人排字。后来，参与罢工的排字工人全部被解雇了。——译者参照维基百科），而是另有选择来满足工会会员们的需要。从长远的观点看，就是加强而不是边缘化工人的技能。

以人为中心的概念

以人为中心的概念基于这样一个前提，如果计算机集成制造系统的设计意图是人来操作，而不是无人系统操作，它将是更高效、更经济、更坚固耐用、更灵活的系统。操作者们从而也就成为一个单元真正的管理者，他们操作这个单元时，就有软件工具的强力协助，他们的工作就包括如下任务：

机床程序产生于源自别处的"工件数据"，使用高级软件工具。如今有了彩色图表系统就是这些工具的例证。

使用操作者的技能和经验优化这些程序，使得切削时间缩致最短。

要为机床设定单元工作的时间表，为的是实现最大限度的节约。例如，机床工作时要做到相似的工序使用相同的刀具。

为那些可以用标准夹具紧固的各种工件的夹紧和松开而编写程序，使用的是带有模拟功能的强大软件工具。

实施单元操作所需的全部工序，包括紧固那些由于单薄易损而不能用强力的夹具紧固的工件，还有更换刀具和给工件去毛刺。

以人为中心的系统比全自动系统更高效，因为操作者能够使用自己的技能和经验，在强大的软件工具的帮助下，机床的程序和工作时间得到优化的设定。而且它更为灵活，因为任何机床能够处理的工作也能用机床批量完成。它将更为结实耐用，因为其专门自动化程度和机电复杂性大大降低，当发生故障时，单元可以立即重新配置，从而允许人的更多干预。故障也就可以用较短的时间排除，因为专门化的子系统较少。这种设备更为经济，因为它被设计成更为高效、更为灵活，运转时间长，运转成本低，售价低，投入使用耗时短。

"欧洲信息技术战略研究计划"的项目 1217（1199）
以人为中心的计算机集成制造系统

一个制造单元包括的模块有计算机辅助制造系统、计算机辅助设计系统和计算机辅助生产系统，这个单元的开发和安装是在使用现场进行的。首先，组成计算机辅助制造单元的是两台车床和一个工作处理器，在第二阶段要加入一台棱机。计算机辅助设计系统将绘图板和计算机辅助设计系统工作站结合起来，而计算机辅助生产系统则专门为车间操作而设计。

　　计算机辅助设计系统这部分工作将在丹麦做，计算机辅助制造系统是在德国做的，计算机辅助生产系统是在英国做的，伦敦大区企业董事会的作用是主要承包者。除了这三部分工作以外，不莱梅大学将考察这些加强系统在教育方面的要求。

在以人为中心的计算机集成制造系统中人的作用

　　操作者的作用包括下述任务中的部分或全部，这要取决于该工作单元的配置：⑤

　　广泛使用模拟工具来生产和优化各种程序，包括工件加工程序和工作夹具对工件的紧固与松开程序。

　　使用刀具磨损数据确定何时更换刀具。

　　缩短机床安装时间，例如为类似的工作制定时间表。

　　优化机床的使用，例如确保在某个时刻没有多于一台机床等待关注。

151　　迅速转换到高度优先的工作。

　　把工作分配给单元中的各个机床。

　　把工件生产中的问题反馈给设计者。

　　证明新的工件加工程序及其紧固或松开程序是合适的。

　　在保持单元运转时决定何时茶歇。

　　从故障中手动复原，例如刀具损坏。

　　任何非自动化的活动，例如刀具的更换，紧固或松开工装夹具难于紧固的工件。

　　检验已经生产出的工件，对机床加工工序做后续的校正。

　　设计和执行去毛刺的方法和设备，给出使用适当设备的建议。

计算机辅助的设计系统、生产系统和制造系统诸因素之间的互动

　　除了那些在传统上已经被接受的责任以外，计算机辅助制造系统的操作者还有很多其他的责任。

应对办公室和车间力量之间的平衡所发生的变化是这种情况成功的关键。

用计算机辅助设计系统所从事的设计工作肯定不是车间的运作，但是尽管现代的技术辅助已经出现，设计者还没有能力开发胜任的工件加工程序。

在计算机辅助生产系统、计算机辅助设计系统和计算机辅助制造系统之间的通讯协议以及这些系统内部的各个因素，大都是独立于人的，目前的标准方案，例如"制造业自动化协议"和"初始图形交换规范"因此也就有可能彼此兼容。

在这三个因素之间的互动有下述例证：

从计算机辅助设计系统到计算机辅助制造系统：工件的几何形状、材料和毛坯的几何形状将被下载，同时提出的问题包括："这种设计在加工上可行吗？"

从计算机辅助制造系统到计算机辅助设计系统：要求改变设计以适应机床和操作，提出的问题包括："我可以使用别的材料吗？" 152

从计算机辅助生产系统到计算机辅助制造系统：工作时间表，它标明优先等级，紧急工作，时间表变化警告，估算新设计所需的时间。

从计算机辅助制造系统到计算机辅助生产系统：关于机床状况和完成任务情况的实际时间信息，新任务所需时间的估算，对完成紧急工作的估计。

以人为中心的系统之益处

其经济收益主要来自效率的提高，提高效率的原因是把操作者的技能和经验融入了设备的运转。

以人为中心的系统将提供更具激励和挑战的工作，导致主动性的提高。这种系统要求操作者有更高的智慧、更多的参与和更强的责任感。

以人为本的概念很适合于欧洲工业，那里的工人有很高的技能，而且还具有多年的使用计算机控制机床的经验。

准则的列表

我们已经开始实施"欧洲信息技术战略研究计划"这个三年项目了，它的主要目的是为设计以人为中心的系统建立准则。这个列表只是这门技艺目前情况的概要。

技术的发展方向包括工人的技能和主动性，工人们使得技术的方式更具创造性，并且开发出新的技能来适应新型技术。

车间的工人们具有生产过程的知识，在偏离正常情况时尤其如此，机械加工过程的详细规范应该在车间制定。

在这个阶段，设计只是在设计办公室完成，但在生产车间收到的设计信息可以连同改善生产的建议一起返回到设计办公室。

只要可能，所有的制造数据都应该以高层次形式操作，而不是在机床层次的程序上操作，从而满足使用者的互动；必须开发出适合于此目的之软件。

计算机辅助设计的技术可以用来囊括来自经验的意会知识。在某种程度上，意会知识是与绘图板的使用是绑定在一起的，这就需要开发一种系统的概念，从而把计算机辅助设计系统的使用与绘图版结合起来。

以人为中心的、操作者介入的软件包会引入灵活性，以鼓励去人们开发其他的工作方式。

计算机辅助生产系统会提供给职工结构良好的信息，内容涉及目前的和所期待的制造工序。

实时监视将被调整以适应各种规划和控制的功能，从而消除在计算机辅助生产系统中产生的时间滞后。

为人的操作建构的信息处理系统应该能够加强操作者的能力，包括处理意外情况和排除各种障碍的能力。

在技术观念与工人的技能和经验之间，需要有各种被规定的且具有兼容性的联系。这种情况的实现靠的是离线训练和在线强化。

对以人为中心的制造系统的实际探索是早应完成的工作。对无工人工厂的疯狂而又执着地追求已经被证明是缺乏系统的坚固性和灵活性的解决方法，它只适合于工业中非常少的部门，这些部门在欧洲工业中绝非典型。同时，以人为中心的计算机集成制造系统在一个更广的战略中可以起到重要作用，这个战略就是应对结构性失业和去技能化以及落实一些工会关注 154 的事情，如工作条件的改善和工作的人性化。⑥

对社会有用的生产

我频繁地涉及了对社会有用产品的需求问题，我把它视为对付正在增长的结构性失业的一个选项。那么，什么是对社会有用的生产呢？我们在对社会有用的产品中会找出什么准则呢？

有趣的是，卢卡斯航空航天联合管事委员会的职工们从来没有给对社会有用的生产做过学术上的定义，而是把它与另一些形式加以对照。这些形式被他们归结为明显地无益于社会的形式，如一些大规模的、具有巨大破坏作用的系统。维特根斯坦曾经说过这样的话，其大意是语词是凭借它们的用法定义自己的，这话也适合于对社会有用的生产。

卢卡斯航空航天联合管事委员会的职工们确定，他们能够提供的150种产品和服务是对社会有用的产品。随后，技术网络也开发了数百种对社会有用的产品。在这种情况下，我们才能够开始建构一个初步的名单，名单中列出了对社会有用的生产所具有的属性、特点和标准。这并不是说，这些属性、特点和标准一定要全部都体现在任何一种对社会有用的产品或生产过程中，而是表明其中某些是其内部的关键因素。

1. 确定和设计产品的过程本身就是整个过程的重要组成部分。

2. 产品的生产、使用和维修手段应该是不具有异化性的。

3. 产品的本质应该被置于可见的和可理解的状态，从而使产品成为可行的，并且能够满足使用要求。

4. 产品应该设计成能够维修的。

5. 制造、使用和修理的过程应该节约能源和材料。

155   6. 产品的制造过程、产品的使用方式、维修方式以及最后的废弃都应该有利于生态和具有可持续性。

    7. 产品应该长期而不是短期使用。

    8. 产品的本质及其生产方式应该有助于人类,应该解放人类,而不是限制、控制并且在生理上和心理上损害人类。

    9. 生产应该有助于人们之间的合作,包括生产者与消费者之间的合作、国家之间的合作,而不是诱发野蛮的竞争。

    10. 简洁、安全和结实耐用的设计应该被认为是一种美德,那种复杂脆弱的系统则不是。

    11. 产品和加工过程应该由人类控制,而不是相反。

    12. 产品和加工过程其最重要的是使用价值,而不是交换价值。

    13. 产品应该对少数族群和弱势群体在物质上有所帮助,而不是剥夺他们。

    14. 为第三世界提供产品时,应该提倡它们与发达国家发展没有相互剥削的关系。

    15. 产品及其加工过程应该被视为文化的组成部分,而且应该满足制造和使用产品的人们在文化、历史和其他方面的需要。

    16. 在产品的生产、使用和维修中,人们应该关心的不仅是生产,还应该关心知识和能力的再创造。

    这个清单肯定还没有穷尽,它将日复一日地被技术网络和全世界的人们发展,他们把有益于社会的生产理念付诸实践。上述的一些例证表明,普通人就有能力置疑技术的发展方向,并且表明他们在实践中有另一些选择,也有能力指出我们开发这些选择的过程。我们开始着手做这些事情的156 时候,存在着一种危险:我们对何为必要的感觉将被技术官僚和科学的术语所阻塞。我们不应该容忍这种情况,我们也不应该受到科学技术决定论的影响而去相信未来已经决定了。

卢卡斯计划的重要意义

这个"公司计划"有重要意义是因为它是一个非常具体的计划，推出这个计划的是一个组织良好的产业职工群体，他们在过去就用自己设计和制造的产品显示，他们没有做白日梦。他们通过自己的工作清楚地向全体科学技术工作者表明，什么是体制的局限性。他们中有许多人以前确实相信，社会没有得到这些优质的、对社会有用的产品，是因为没有人想到它们。事实是，制造这种产品仍然受到政府和公司的排斥，这个事实鲜明地表示，有某些优先权主宰着这个社会。

第九章
一些社会和技术的预测

社区

目前，有很多讨论的内容涉及重振社区并建立当地创造就业的计划。有一个可能性值得考虑：社区拥有的各个未按照权力划分等级的企业，它们紧密地与当地对设备和服务的需求相结合。但是，这种社区的"返老还童"现象有一个严重问题，它是一种朝向我们称之为工业封建制度的随波逐流。我们的经济制度现在受到大型跨国公司和金融机构的主宰。甚至民族国家的角色都要附庸于它们，因为经济框架是由它们设定的，这个框架越来越政治化。民族国家只有在这个框架中才能立法。大型跨国公司和金融机构充当了所谓的技术革命的先锋，为了追求利益的最大化，它们扭曲了技术革命的发展。有一个基本的观点认为，掠夺型的经济体制受到永远不停的消费和生产的刺激，它们生产的一次性产品造成了能源和材料的浪费。此外，其产业越来越成为资本密集型而不是劳动密集型，更不用说它使得污染广泛传播。在技术先进的国家，大型跨国公司和金融机构把数以百万计的工人排挤掉了，许多工作职位和技能永远消失了，国家对普罗大众的文化、经济和社会生活的控制能力提高了。

此外，生态危机往往蕴含着更大的政治意义，更重要的是，它不应该被视为一种中产阶级所独有的问题。毕竟，生态环境永远是一条河，工人在这条河上少量的简陋垂钓将被污染，苏格兰的那条鲑鱼河的情况如果有也是很少见的。是工人阶级群体经常使用汽车道，而不是坐在游览车里系着安全带的股票经纪人。正是在工人阶级的活动场所，有从当地工厂产生的污染，在这种场地很难有中产阶级的高尔夫球场。工人们不可能从科学技术的误用中获益。他们从河流、海洋的空气污染中没有获取利润。反对这些事情符合他们的阶级利益，他们的参与是至关重要的。

公众越来越憎恨这种赤裸裸的"民主压迫"的强权，这种憎恨表现在年轻人不愿意为大型跨国公司工作。在西德和意大利，有更激烈的行动反对商人。大部分的劳工和工会运动最终认识到，我们所遇到的是结构性失业，而不是我们过去所经历的周期性失业。在这种情况下，关于什么可以成为一种非常有意义的运动，迄今为止，存在的是一些孤立的指标。

新的封建主义

大型跨国公司越来越认识到，社会将会反击它们，因为它们扭曲了社会的发展。我就有一些相识，他们在这些大公司中占据良好的技术官僚职位，他们告诉我，他们要投身一项事业，称其为"兴趣的自我启蒙项目"，他们即将进入社区，进入创造就业的领域。

他们的想法是，大型企业要提供资金，支持它们的管理人员（暗指全体精英）建立小型的社区企业。一方面他们希望以这种方式安抚公众，另一方面给他们留出自由，使他们能够在高端经济上继续从事一系列的商务活动，使自己的利润最大化。

计算机化和自动化将意味着经营大型公司所需要的人数减少了。一些精英从大型公司中分离出来了之后，他们将依靠具有高度组织性的"商会"，美国就有这种情况。他们仍然是"公司的人"，在经济上仍然享受公司的汽车、公司的住房和公司的医疗保健计划（这并非不重要，因为有人一直在企图完全破除英国国民健康保险制度）。公司还将提供资金资助他们的子女入学、向他们提供特别养老金计划，当然也包括他们的海外旅行、娱乐以及向他们提供公司对他们承担的其他"责任"。

在仍然处于失业状态的那些人中，有很多人陷入"社区工作"中。这些工作被刻意选择出来提供给他们是因为这种工作没有收入。但这只是一种疗法，是一种社会服务。有了这种服务，人们就感觉到自己还有机会工作。工业封建主坐在跨国公司的总部内，而农民则居住在缺吃少穿的社区，勉强维持着生活。这实际上意味着他们把时间耗费在修理、打扫和改善垃圾的回收利用方面，这些工作都是大型公司强加给他们的。可以想象的是，这些工作中有一部分将以手工技能为基础，从而为人们的主动性和自主行为提供了发挥的空间，但重要的现实是他们没有经济实力和工业设施。在人口中有很大一部分似乎注定没有"真正的工作"，即没有带薪的工作。爱心活动、休闲活动和无薪的社会工作和社区工作没有被认定为真正的工作。失业社会的多重效应将是隔绝、吸毒、自杀、人际间的暴力和普遍的堕落，所有这些都明显而广泛地见于城市内的区域。

当然，我们全都得到保证，这种工作将是未被异化的，将增强我们自力更生的能力。虽然这两个因素极为可取，但它们不是人们策划的这种社区活动的目的，也得不到政府的支持，然而其意义比它最初显现的要深刻得多。

越来越多的证据表明，在政府的各个部门，在大型跨国公司的董事会，有一种积极鼓励二元经济增长的意图。一些公司已经放手让高管参与到创造就业的计划中。其中有一个人以玩笑的方式说出了这种情况："政府只是为他们支付 8000 英镑，让他们做这项工作，因此，我们还要为他们凑足另外的 3 万英镑。"

他们关注的似乎是在失业人群和社区的关键部门中越来越多的抵触情绪，这种抵触情绪针对的是公司和政府发展技术以取代大批工人的做法。

在这个过程中，他们当然要使自己的利益最大化。在实践中，能够避免或废除民族国家可能实施的产业重组的开明计划。我必须补充的是，在英国本届政府或者还有上届政府的领导下，这种开明不是在英国的任何地方都是明显的。因此，如果说政府和大型企业的雇主共谋，强迫失业者和被剥夺的社区提供它们自己的社会服务，这种说法并不牵强附会。

这些社区的成员可以居住在一个他们在文化上不再理解或不再能对付的世界。在政治层面上，经济强权和技术知识如此地在精英中集中，致使目前的平等和民主的概念不可能长存，从而促进了高度中心化和集权化的企业国家的发展。此外，在这种经济体制中高度资本化的科技和生产部门，有一小群精英，他们会参与设计和开发一些压制性的技术。这些技术可以被用于反对残余势力，而不会遇到采取传统形式的任何对抗力量的阻碍。这种传统形式就是在生产过程中，有阶级觉悟和有组织的工人阶级的对抗形式。

在两个阵营中都有立足点

正是在这种情况下，卢卡斯航空航天联合管事委员会的职工们提高了要求：人人都有工作的权利，从事对社会有用的工作。如果要有一种二元经济，它具有高层和低层部门，那么在先进或高层部门的工作职位应该能对全体劳动力开放，即在他们中间分配。任何要参与的人都不能被认为是不胜任或者是没有能力，适当的教育和培训的基础设施也应该对所有人员开放。对社会有用的生产应该提高人们对它的兴趣、参与度和职业满意度，应该有助于解放劳动者的巨大创造力，而这种创造力被泰勒主义和科学管理窒息了。工作的分担必然使得工作时间的大大缩短，这就使得工人有时间从事另一种"非经济的服务"。

这种情况并不像听起来那么离谱。因为大多数的人已经从事了某种志愿活动，做这种工作并不是为了利润，不论它是社区活动、是医院探访、房屋修缮还是家庭酿造，在大家喜欢群体工作的地方，组织这种活动有广阔的空间。

所有这些情况都意味着，在各个工会发挥作用的领域会有一个重要的转变。要想实现这种转变，首先，要求工会比现在更加重视工作场所的组织。对于卢卡斯航空航天联合管事委员会发展的这些项目，人们目前的接受是不情愿的，这必须被积极的支持所替代。第二，如果我们要拥有一个二元经济，工会必须准备在两个部门都发挥作用，组织失业和半失业人员，扩大合作领域，在该领合作域传统上的百分之百的工会主义已经被顺利地接受。为了在这方面取得成功，对工会组织结构的再考察是必要的，它们当中有些高度中心化的集权官僚形式必将被取代。更重要的是，如果我们接受两个阵营的存在，它们就可以在教育和集体交涉能力之间架设一座桥梁，工人有正当的权利在两个阵营都有立足点。换言之，它们会有助于在人的二元角色即生产者和消费者的角色之间建立联系。

论工人的控制

　　如果我们看看当前我们在英国的情况，就能够看到存在一系列的危机。
162 有结构性失业的危机，我们的英国国民健康保险制度也在遭到破坏，即使是我们呼吸的空气也被这个制度污染了。但尽管有这些危机，英国左派的影响仍然很小。

　　当你把这种情况告诉左派人士时，严格地讲，他们倾向于采用布莱希特的观点。此人在一个著名场合，说出一个精彩的讽刺："政府已经确定民众是错误的，因此民众必须解散。"有些人说，只要我们有法国工人阶级或者意大利工人阶级的志气，我们就会奋勇向前。但我们有的是英国工人阶级，他们有自己的弱项，也有许多强项，他们只是有经验和有勇气的工人阶级。

　　有些麻烦的是，我们在倾听工人阶级方面做得很不够。当我们对工人们谈起一种社会主义社会时，他们往往会问，这种社会主义社会是否存在于某个国家，这是一个颇有难度的问题。我不愿意说，我想要的那个社会就像在苏联看到的社会。有许多情况与我想看到的情况相反。

　　他们问："是什么样的领导？怎样治理国家？"显然，从他们提出质疑的整个情况来看，他们没有意向要用这个精英替换那个精英。他们不想要沙皇，不管政府沙皇还是工会沙皇，或者其他什么沙皇。他们想要的是他们能够积极参与的社会，能够充分发挥他们创造性的社会。

目前，在许多情况下，他们的想法相左于英国各个党派的想法。现在流行的情况是，领导宣称他们自己才是最先进的，然后就按照某种狡猾的逻辑推理：最先进者就必然代表了觉悟最高的工人阶级，就是工人阶级中最积极的力量，任何不同意最先进者的人都必然是敌人。这个教条使政治领导人认为，他们是唯一能够告诉别人怎么做的人，因为他们是先锋，是精英。正是根据这个定义，他们知道普通百姓在任何时候、任何情况下应该怎样行事。

这种情况的问题是，即使我们能够找到这样的领导（我肯定在英国找不到这样的领导），这样的领导也会否认工人阶级具有最宝贵的经验。这就意味着工人要自我行动、要发展，这样才能提高觉悟和能力，这也是社会进步到一个真正的民主社会的先决条件。由于实现这种社会进步的因素之一是工人控制，因此我认为工人控制是重要的。

工人有眼光

我涉及这些情况的具体原因是，卢卡斯航空航天联合管事委员会有了重要的发展。由于要描绘公司未来的形象以及它在其中运作的社会是什么样子，我们的成员可以投身于各种实践活动，这些活动可使他们感触到政府和许多部长的客观作用，而且比以往任何时候都更明确。我们已经看到有些政府部长对他们为之工作的大型跨国公司的那种可怜的和奴性的卑躬屈膝，也看到了工会领导人背着我们秘密会见公司的人，准备瓜分我们的工作职位。正是这群人在八年前，当他们面对我们要求他们协助我们拥有决定权、以决定能够生产什么产品、应该如何生产时，他们完全保持了沉默。然而，正是他们这些人要告诉我们，他们拥有最好的知识，他们将永远领导我们。我们不喜欢这种等级观念，不管是在工会还是政党中。

在这场斗争中，我们有能力在实践中展示，科学技术并非是中性的。在客观环境中，凭借我们的行动，我们已经有能力做到这一点，但绝不是仅仅依靠阅读或者聆听思想深刻的领导的报告做到的。卢卡斯航空航天联合管事委员会的职工们说："我知是因为我行动，而不是我行动是因为我知。"

我认为,任何组织提供一个框架使工人参与这种活动都有重要意义,
164 因为这样做能提高觉悟,我们需要提高觉悟来捍卫和保障未来的民主制。

深入基层

尽管在别的国家上层建筑已经发生了变化,但其经营方式完全像过去
一样。正如列宁所说的,泰勒主义在管理苏联时有多么重要。现在,我们
可以回忆起泰勒说过,工人不应该对交给他们使用的机器做出改善。这就
使我想起某些政治领导人,他们声称,当群众不遵守党的指导路线时,他
们就处于混乱状态。

我们正在谈论的是觉悟水平,它是通过斗争得来的。我们坚持认为,
那些从行动着的基层分离出来然后进入上层建筑的人们,他们非常迅速地
开始挑战基层了。在上层建筑和基层之间存在着矛盾。我认为,任何专职
的工会领导人,他们离开了生产岗位,可以根据自己的所想成为仁慈的、
积极的、精力充沛的和具有政治觉悟的人,但大约经过五年,情况就将发
生变化。我在自己的同事之中就看到了这种变化。因此,如果我们谈到工
人控制,我们就必须保证开发出一些机制,使人们不断地在生产场所接触
这种矛盾。

杰克·芒迪提出,工会领导在担任全职领导三年后应该返回生产现场,
并且在生产第一线工作六年之后,才有可能再次成为全职官员,于是他被
澳大利亚的左右两派撕裂了。因为这两派都认为真正的工人控制(包括功
能轮换和民众参与决策)是对他们权力的挑战。人们应该记得,在中国的
"文革"中,虽然有可怕的暴行,但也提出了深刻的问题,即上层建筑和基
165 础的矛盾。有一次,上海机床厂的工人说,他们认为,党或者阶级中最积
极的成员绝对不应该进入上层建筑,而应该深入基层,如果必要,应该动
摇和推翻上层建筑。我认为,这属于真正的工业民主和工人控制。

妥协

就像已经谈过的那样，也许正是工业民主和工人控制才能够表现出与压制我们的体制的一种妥协。在某些人看来，只要我们有越来越多的人成为当权者，在某个早晨我们醒来时，发现我们占据了董事会的五个席位，而雇主才占据了四个，于是我们就可以彻底解散董事会。

我从来都不相信，任何统治阶级，不论是左派还是右派会甘心退出历史舞台。我认为，工人阶级的政党和组织有一个终极的需要，即承担权力。尽管这要求工人阶级所具有觉悟水平在英国目前还不具备，但我们在卢卡斯航空航天联合管事委员会的经历是，我们正在提高觉悟，这就使得那种情况成为可能。

因此，我认为工人控制能开启工业权力中的二元局面，其中工人开始显示自己的力量，并意识到自己的伟大智慧，这是很重要的。我们身边的一切都是这些人设计和建造的，没有他们，我们就不能生存。毕竟，我们不能为英镑生活，我们不能吃英镑。我们在自己周围看到的所有东西都产生于劳动人民的力量、智慧和创造力。如果通过工人控制，职工们就有机会感受权力，有机会在实践中使用权力，从而理解那些控制社会的人们多么地具有寄生性、多么地不切合实际，那么工人控制就是重要的。鉴于工人控制体现了对英国跨国公司的挑战，因此我认为工人控制具有伟大的意义。

核能具有政治危险

166

我不想涉及核危害和更广泛的生态问题。我讨论的范围仅限于我认为是核技术产生的巨大政治后果。这些政治问题能够而且也应该体现工会运动的重大关注点。核技术将是打击基本民主和工会权利的途径，而这些权利是我们的运动经过几代人的斗争和牺牲才建立起来的。

为了建立罢工的权利，300年来，我们的前辈进行了反对雇主、政府和法律的斗争。他们的口号是，只有奴隶才不能罢工！但核技术将被证明是历史上最有效的破坏罢工的借口。人们还记得，前几届政府，包括保守党和工党，企图通过产业关系政策否认罢工权利，并且引发了反对的高潮。有了核技术，干这种事情就更诡秘了。然而，我们将发现有两群人将结合成一个利益共同体：一个是关注核能对生态影响与危害的群体，另一个是关注核能损害民主权利的群体。到目前为止，其他各种进步力量没有能够结合成这样的利益共同体，因为他们都有狭隘性和片面性，缺乏一个综合的组织和政治框架。

关注和处理核能的不同态度并不适合常规的左派右派的政治分类。玛格丽特·撒切尔赞成法国社会主义政府的核计划。尽管在切尔诺贝利发生过核事故，苏联仍然坚持其核计划。这与美国形成了奇怪的对照，美国发生了三里岛核事故以后，核反应堆的建设就停止了。但这三个国家仍然继续发展军用核能。

核技术的本质将塑造我们的社会，即使我们能够成功地重新设计核工业，把它置于在环境意义上的"安全状态"，但我们没有能力把它置于民主意义上的"安全状态"。托尼·本是工业民主制的提倡者，他曾经是能源部长，他认为，必须用军队终止核工业中发生的争端，因为核工业中的罢工对公众构成重大危害。但现在有一个情况很重要，由于核能的重要性被切尔诺贝利核事故大大地突出了，从而提高了公众对核能的关注，因此托尼·本和工党的其他几个领导人非常坦诚，他们转变了对核能的立场，寻求并敦促公众辩论，辩论的主题就是逐步淘汰英国的核能电厂。

用工业政策阻止这种罢工，这种做法一旦凭借核工业确立，争论就可能扩展到许多英国帝国化工集团的工厂，或者扩展到任意一个大型工厂，就像我们从最近发生在意大利北部的一些事件中知道的情况那样。核工业对我们起到的作用就是反工会立法没能对我们起到的作用，这种作用就是否定我们的最基本的权利——罢工权。

英国禁止在政府部门供职的政策

工会总是努力防止雇主牺牲工人的利益，这是因为他们的政治观点所致。但有了核技术，就有了这样的说法：为了实施保卫以防范恐怖主义，政府必须越来越坚持了解在这些行业工作员工的政治背景、个人隐私习惯，甚至是银行往来账目，而且也可以因为政治观点而拒绝工人加入该行业的权利。我们将不能再讥笑德国，我们将有自己的而且是更为精确的禁止在政府部门供职的政策。

甚至那些居住在核电站附近的社群，他们也将成为监督的对象，以防他们隐藏潜在的恐怖分子。

对于那些在该行业中就职的职工来说，工业民主不可能存在。因为这种行业及其运作隐含着巨大的危害，该行业职工的所有行动事前就完全确定了，而且各级都必须服从所有的指挥系统集中发出的命令。这种情况几乎在所有的军事生产线上都如此。在许多这样的领域中，职工们的着装都有明确的规定。

一个最新的论证说，我们必须拥有这种技术，因为它将为我们产生新的工作职位。我们突然在工人阶级中发现了许多陌生的盟友，他们在一夜之间就转变了，转而关注我们的工作权利。当阿诺德·温斯托克在英国通用电气公司取消了 6 万个工作职位时，我们很少听到这些人说些什么。英国利兰汽车有限公司取消了数千个工作职位时，我们也很少听到他们说些什么。当卢卡斯航空航天联合管事委员会粗暴地把工作职位从 18000 个削减至 12000 个时，公司的职工们根本就没有听到他们的声音。如果我们暂时接受这样的说法：这些人真的关心全体人民的就业，我们就必须立刻说出，在他们在计划中确定了我们需要核能发挥这样的作用，这个计划将体现出历史上最昂贵的创造就业的计划。也许其意义还不止于此。

我们说核技术昂贵，不仅仅指的是其危害或损失生命的可能性，而且还指的是一些重要的经济因素。在塞拉菲尔德，在该行业中创造一个永久性的工作职位就要耗费大约 60 万英镑。然而，在伦敦东区，在节能行业

168

中，比如房屋保温，创造一个工作职位仅需 4000 英镑。

学习使用我们的能源

作为一个工会主义者和一个技术专家，我要声明，我不反对技术变革。我当然也不喜欢某些浪漫主义者，他们似乎相信，在工业革命之前，百姓们在天然草原上，围绕着五月柱跳舞。我深深地意识到，在消除贫困、肮脏、愚昧和疾病方面，科学有巨大贡献。我反对的是，不负责任地使用技术。比如，引入一项诸如核能这样的技术就是不负责任的，除非我们也同时认真地查找真正的替代技术，或者向这种替代技术投入大量资金，就像我们投入给核能技术那么多的资金。此外，我们必须测试和评估目前被推荐的某些核技术的长期影响。

169　　核能正如我们现在所知道的那样，不会创造我们在工会运动中所要求的那些类型的工作职位。核能创造的是危险的职业，对工人是危险的，对社区也是危险的。如果社区的基础设施都是围绕这些行业建设起来，那就有巨大的政治含义存在于其中。这个政治含义就是摧毁我们的罢工权利。

在工会运动中工作在基层的员工，他们有一项重大的任务，即在运动中提出这些问题，从而逐渐地形成反对派。

普通人

我频繁地被问到，我是否相信普通人真的有能力对付先进技术和现代工业社会的复杂性。

我从来没有见过一个普通的人。我见过的所有人都是非凡的。他们是钳工、车工、家庭主妇、航空公司飞行员、医生、绘图员、设计师和教师。他们在履行自己的日常任务时，发挥出大量的智慧、经验和知识。

卢卡斯航空航天联合管事委员会拥有普通的维修钳工，他们来到伦敦机场，解决发电机的难题。飞机因为故障停飞了，其中一个钳工可以给发电机听诊，做一些显然是非常简单的测试。有些年长的钳工触摸发电机，就像医生对病人做触诊。如果发电机还能运转，他们则可根据振动情况判断，是否有一个轴承损坏了，是哪个轴承。

然后，钳工将决定机器的可靠性，机上 400 名乘客的生命将直接取决于他们的决定。在许多方面，这种决定要比医务人员做的决定重要得多，但如果你问这些"普通人"他们是怎样做出决定的，他们可能不能用通常公认的学术规范来回答。也就是说，他们不会画出决策树，引出他们最终的结论。但那个结论是正确的，因为他们花费了毕生的时间积累这些技能、知识和能力，使他们达到了现在的水平。

当伟大的政治家做世界之旅时，他们的生命就将依靠这些维护飞机的普通人的技能和能力，依靠飞机的设计者和制造者，还有飞行员和航空交通指挥员，他们全都是前所未有的普通人。

同样，当我们乘坐高速列车旅行时，依靠的还是普通人的技能和能力，他们维护和制造了列车和轨道，并操作信号系统。

我们做的一切事情，不论是去医院，在公路或地铁上旅行，我们依靠的都是所谓的普通人的技能、能力、理解和智慧。我们周围的每一座建筑都是普通人建造的。公路上跑的每一辆汽车都是他们制造的。尽管他们的知识全部都在实践中得到展示，但是他们却被排斥在重大决策之外，这就损害了他们的生活方式，也损害了他们所从属行业的组织方式。有人引导他们相信，他们没有能力做出社会应该怎样发展的重大决策。

我们周围的一切都是由这些人设计和制造的，尽管事实如此，还是有人刻意地让他们感到，他们创造的技术和他们生产的产品与他们的智慧是没有关联的。

是智慧还是语言能力？

当建筑工人竖立起一座建筑，他们并没有像艺术家或者雕刻家那样，把自己的名字刻在建筑上。他们没有把自己与那座建筑联系起来，尽管那座建筑是他们自己建造的。整个教育制度和政治制度加强了这种想当然的设定。我们对说者和写者的尊重大于对实干者的尊重。我们把语言能力与智慧混淆了。

工人把自己的智慧体现在他们制造的物品和从事的实际工作中,体现在他们在生产中组织自己的方式中。工人在他们自己之间已经发展出并且投入使用了高水平和复杂的交流系统。例如,当他们建立起一座发电站时,在安装涡轮机和发电机的时候,工人们会例行高度复杂的决策程序,用干脆和极简单的句子相互之间交流这些决定。解释这项工作怎样完成的说明书是一个庞大的技术工作。如果你听两个"脑力劳动者"谈论这些步骤,他们必须说得非常详细,并且使用高度复杂的语言来描述。

因此在我看来,如果我们真的要质疑科学技术的发展方式,就要参与到大众中去,避免精英主义的危险。左派和右派都有这种危险,我们必须做好组织工作从而解放这些工人的意会知识。

此外,我们必须组织好我们的决策程序和我们的社会组织,做法是不让普通人的知识、智慧和经验受到打击而陷入沉默。这些打击来自学术和技术话语以及故意夸大的复杂性。

这并不是说,真正复杂的问题能够用简单的方式处理,而是这些复杂问题应该让所谓的普通人理解。这是实施民主最深刻和最重要的问题。如果我们坚持认为,我们社会中的公民应该具有警惕性、主动性、自主性、合作性和关爱心,我们就必须为其提供政治结构来满足他们的这种需要。

我从事工程和制造业已经有 25 年了,我的经验是当"普通人"直接面对这些难题时,他们有能力理解和处理这些难题。如果学者们难于与工人们交流时,肯定是学者的错,而不是工人的错。就像非洲的一位起义首领曾经说过的那样:"让你的语词直白、清晰和简单,从而使它们表达的思想能够既自然又轻松地流入普通人的意识中,就像风和雨穿过树林那样。"

我们能否以不同的方式使用科学?

我以前说过,科学技术不是中性的,而是使它们得以发展的经济基础的反映。如果这种说法正确,那么,用使用或者滥用的模式解释我们在技术发达的社会中看到的矛盾就不合适。我们必须深入考察。

技术变革肯定已经使用过了，不仅是为了提高生产率，而且也是为了扩大对工人的控制。此外，诺布尔曾经精彩地表明，在科学技术使用的过程中，工程师起到的作用是服务和推进企业资本主义的进程。①

我曾经质疑，生产资料以这种方式发展是否适合于人们能够充分发展其潜能的社会，尤其是当生产资料所有制"掌握在人民手中"时。

技术先进国家的科学实践表明，这里我也把所谓的社会主义国家包括在内，它与泰勒主义一样，也有方法论的假设，即对可预见性、可重复性和可量化性的假设。

如果人们把这些内容作为科学方法来接受，那随之而来的就是，科学中隐含着淘汰人的判断，淘汰主观性和不确定性。我们说，技能型的工作是有风险和不确定性的工作，而非技能型的工作则是有确定性的工作。有技能的车工使用一台普通车床和无技能的工人使用数控机床，其间的差别就能说明问题，一位普通的设计人员和一个人使用计算机辅助设计系统之间的差别也能说明问题。此外，技能的发挥是一门重要的学问和发展过程。如果我们把技能的发挥认为是一种有利于增强人的技能和能力的因素，我们就必须设计一种系统来响应人的判断，从而让系统响应人，而不是人按照系统行事。上文中描述的遥控装置开始涉及此问题。其他的思想也在孕育之中，目的是在技术中增强和解放人的作用。这里只给出有两个例证来说明这种可能性，一个是体力劳动，一个是脑力劳动。173

第一个例证

在过去的 200 年间，车工工艺一直是工程车间中技能最高的工作之一。工具室的车工工艺又是其他车工工艺中技能最高的。在第二次世界大战之后，历史的趋势就是使用数控机床，从而使得车工工艺去技能化。这个过程的完成是通过工件的编程，凭借这种编程，被数控的刀具所需要的运动就转变成了给纸带穿孔。常规（符号）的工件编程语言需要工件编程员先决定零件怎样在机床上加工，然后用符号性指令描述所需的刀具运动。这些指令被用于规定几何形状的物体，即点线面，并给点线面以符号性的名称。

在实践中，工件编程语言需要操作员从有限的符号指令的词汇中汇总所需要的刀具运动指令。然而，所有这些做法都是企图给机床注入智慧，而这种智慧本来是技术工人的智慧，他们把这些智慧用于劳动过程中。

计算机化的设备与人的技能是可以共生的，二者可以联系起来，在规定刀具的运动时，不用符号描述。这种方法被称为模拟工件编程。[②] 在这种模拟工件编程的过程中，刀具运动的信息以模拟的形式被传达，这种传达是通过旋转曲柄或移动操作杆或通过其他手眼协调的任务完成的，使用读数的精确程度适合于加工过程。技工使用的动态视频显示装置涵盖机床的整个工作区域，包括工件、紧固系统、切削刀具及其位置，因此技工能够直接输入所需要的刀具运动给加工工件的"机床"。

这样的系统，或许可以被称为用"干"来编写工件程序，而历史的主流趋势是符号编写工件编程。这两种编程体现了鲜明的反差。用"干"编程不需要常规的工件编程语言，因为用符号描述所需的刀具运动的必要性消失了。这项工作的完成使用的是另一种方法：就是给出一个系统，该系统用于传递有关切削的信息，其方式是紧密地模仿技艺熟练的机械师的概念过程。因此，我们必须保持和加强各个工种技工的技艺和能力，他们会与系统一起工作。

在这个领域中，已经做了一些有意义的研究工作，[③] 尽管这些研究工作具有显著的优越性，但它并没有被大公司或提供资金的机构所接受。这似乎是一个彻头彻尾的政治判断，而非技术判断。

174

第二个例证

在脑力劳动方面，霍华德·罗森布鲁克质疑了我们开发的计算机辅助设计系统。他指控目前的技术没有能够抓住机会利用互动式的计算机运作。计算机和人的智力是不同的，但却能互补。计算机的优势在于分析和数字计算。人的智力优势在于模式的认知、复杂情况的评估和朝向新的解决方法的直觉式飞跃。如果这两个不同的能力能够结合起来，那就意味着我们比以往任何时候力量都更强大，效率更高。

罗森布鲁克反对把体力劳动自动化的系统，正如他所说，由于这种系统体现的是神经系统的损失，对人的能力失去了信任，而且是对"劳动分工"的不加思考的应用。④

以车工工艺为例，正如上文所述，罗森布鲁克认为，在设计方面，有两个途径是开放的。第一个是接纳设计者的技能和知识，并且向设计者提供经过改进的技术和设备，为的是发挥他们的知识和技能。这样的系统就需在使用计算机时，有真正的互动，这样就能使得计算机和人脑的非常不同的能力都能得到充分的发挥。　　175

他还提出了另一个选择，即"把设计过程进一步细分并编码，并结合现有的设计师的知识，从而使它简化为一个简单选择的序列"。⑤他指出，这就导致了去技能化，因此，这种工作也可以让缺乏训练和经验的人来干。

罗森布鲁克已经表明，第一个选择对人的作用是加强的，其方法是，开发一种计算机辅助设计系统，其中有图形输出发出的各种图形显示，设计者根据这些显示能够评估稳定性、反应速度、对干扰的灵敏度以及该系统的其他特性（图17）。

如果使用者看到这些显示后的不满意系统的表现，这些显示会给出怎样改善的建议。在这方面，这些显示执行的是具有悠久传统的笔和纸的功能，但是肯定带有计算机的强大威力。因此，同样是视频显示装置和设计者，在工作者和设备之间就有可能存在一种共生关系。意会知识和经验在两种情况中都被认为是有效的，从而得加强和发展。　　176

在罗森布鲁克的实例中，需要考察的是在控制系统设计中所涉及的重要数学技术。⑥他的工作结果确实表明了在酝酿当中的情况：如果在关闭选择之前，我们准备探索其他一些选项，那就确实存在其他选项，这就是"卢夏丘陵效应"。⑦

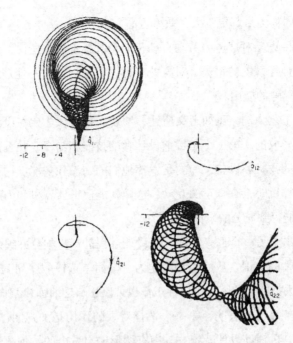

图 17   数学功能的图形显示

加强人的作用

援引这些例证是为了表明,设计系统是可以加强人的作用,是可以不削弱人的作用或者说可以不使人从属于机器。我的观点是,尽管开发这种系统是我们的需要,但这样做将遭到严酷的反抗和粗暴的镇压,因为它们挑战了社会的权力结构。那些在社会中拥有权力的人,他们的情况被大型跨国公司披露出来了,他们关心的是扩大自己的权力,攫取对人们的控制,而不是去解放人们。

在这里我不是说那些设计常规系统的工程师是可怕的法西斯主义者,他们存心要让人们受控于机器以及拥有机器的组织。我的意思是,如果我们认为他们的工作是中性的,那就犯了危险的错误。第三帝国无情地利用了这种幼稚的观点,就像阿尔伯特·施佩尔在他的著作《第三帝国内幕》中指出的那样:"基本的情况是,我利用了技师通常的那种对自己职业的愚忠。因为技术貌似道德中性，所以这些人对自己的行为毫无顾忌。"

科学技术不是中性的，我们必须时时刻刻反对其为中性的假设。同时我们能够指出，科学技术怎样为广大人民服务，而不是为一小撮人的利润最大化服务。

但是，必须承担责任的不仅是科学家和企业家。使我感到最悲哀的是，工会运动也没有能力预见到新技术对作为社会机构的工会的影响，尤其是对工会会员的影响。更让人感到悲哀的是，他们不愿意对这些问题做有意义的讨论。最后，当卢卡斯航空航天联合管事委员会的职工们想有所作为的时候，却看到了糟糕的情况，工会的官僚们（也有少数令人尊敬的例外者）与某些力量同流合污，去瓦解他们认为的"反对运动"。此外，他们丧失了仅有的良机，即展示工会运动能够改良和转变自己的良机，这种转变用温赖特和埃利奥特的话说，就是在发展过程中，转变成"一个新的工会主义者"。⑧

他们曾经有机会显示他们对环境问题的关注，显示他们对自己的成员工作的社区的关注，而且不仅是他们的成员；也显示他们在处理自己所遇到的不断增长的结构性失业的难题时，他们能够用自己的技能和天赋支持那些运气欠佳的社区部门。但他们丧失了策略良机，这就让撒切尔后来把工会说成是完全自私的、只关注自身的、缺乏同情心与关怀的组织。

然而，即使在狭隘的自利层面上，他们也没能抓住这个良机，组织好自己的事务，没能调动自己的强项，在规定他们需要的以人为中心的技术方面推动跨国公司向前迈进一步，而是跟在雇主已经采取的步骤后面行动。在卢卡斯航空航天联合管事委员会中，避免至少是准备对付沃平那种局面的基础已经存在。对于许多工程师和各种白领以及管理层的人士来说，可能性仍然是存在的，但时间却不在他们一边。

工会主义者、社会主义者、自由主义者和人道主义者们，他们现在开始为忽视技术发展而付出了代价。有些人痴迷于分配的矛盾，而不顾人们对生产领域中矛盾的持续关注。另一些人对工业不感兴趣，除了是以一种窥视方式。还有很多人似乎相信这个世界完全是由心怀善意的社会学家组成。

对技术的形式和本质做深刻的分析是必要的，同时需要承认，不管我们是否喜欢它，它总是在这个阶段对社会有引导作用，就像以前宗教的作用一样。

有证据显示，卢卡斯航空航天联合管事委员会的职工制订的计划对这些问题至少是贡献出了一种有意义的讨论，它确实体现了一种超前的转型。国际金属业工人联盟代表 70 个国家的 150 个工会，它用七种语言撰写了一份报告，免费发行，为的是让这些讨论能在其成员中进行。[9]

毫无疑问的是，在政治层面，伦敦大区市议会在建立伦敦大区企业董事会方面的发展进一步体现了卢卡斯航空航天联合管事委员会的思想。卢卡斯航空航天联合管事委员会的职工们提出的"对社会有用的生产"这个概念目前在大部分政治运动中都得到广泛的流传。[10] 尽管技术网络发展有些不均衡，而且还有许多困难，但它仍然体现了向卢卡斯航空航天联合管事委员会的计划所关注理念迈进了重要的一步，这个理念就是科学技术的民主化和社会中的大部分人参与决定他们所需要的产品和服务类型。[11] 尽管这些活动要发生在局部乃至于单个工厂的层面，但它们却是一个更广泛的计划的组成部分，"伦敦工业战略"提出过这个计划[12]，其基础是伦敦人的技能，"劳工计划"中也有这种技能的内容[13]。

这些是该计划中的一些内容：创造就业和生产对社会有用的产品，它们已经渗入到政治机构中了。同时，怎样把系统设计得以人为中心，就此我们的思想也有一个范式转换。在上文中，我们描述了罗森布鲁克早期工作的一个自然结果，那是一个两年计划，其内容是设计和开发以人为中心的车床，其中一些定性的和主观的因素由操作者处理，而那些定量的因素则由机床处理。这种控制系统及其二者之间的接合是由曼彻斯特大学理工学院开发的。[14]

这种情况又为伦敦大区企业董事会赞助的"欧洲信息技术战略研究"计划奠定了部分基础，这个计划要设计和建造世界第一个以人为中心的计算机集成制造系统。[15] 自从 20 世纪 70 年代后期以来，与其他国家同行的讨论逐渐建立起了工程师、科学家、哲学家、研究人员和社会科学家的网络，这些人目前的工作是从理论到非常实际的项目来研究这些思想。其中一些人，如彼得·布勒德纳正在讨论的是，我们怎样把未来的工厂概念化，这是一种人性化的工厂，这在他的至关重要的著作中有所描述，我希望不久将有英文版。⑯大批的准专家系统出现了，它们是人工智能软件工具和框架，是第15代系统。有鉴于此，大家有一个论坛就是很重要的。在论坛上可以在理论和实践的层面上讨论这些问题，拉吉特·吉尔等人，也包括作者，创办了一本学刊《人工智能与社会——以人为中心的系统的学刊》。⑰同样，涉及计算机化的国际机构成立了社会影响委员会，专门分析技术的多重影响，而国际自动化控制联盟是其中的一个很好的例证。

所有这些情况都构成了重要发展，我希望这些发展将具有充分的趋同性，创造出可见的和有意义的选项，从而超越以机器为基础的系统，并且通过"培训"改善其工作人员的状况，永久地把以人为中心的技术保护起来，正像15世纪和16世纪保护技艺高超的手工劳动那样。

技术变化的速度向我显示，我们做这些事情的时间只剩下15到20年了。否则我们将会发现，就像人工智能专家近来在英国电视上说的那样，人类将会发现他们在进化等级中的自然位置，即动物在底层，人类在中层，会思想的机器在顶层！

有人说，在人们发现海岸线之前，海岸线也是存在的，但我们的未来并非如此。我们的未来是什么样子，这并不是预先就能确定的。未来有待像你我这样的人来塑造，而且我们确实也是真的有选择。我希望，本书所包含的思想至少会部分地凸显这些选择。

这些选择的基本属性是政治的和意识形态的，而不是技术的。就像我们设计技术系统时，我们事实上是在设计一系列的社会关系，随着我们对这些社会关系提出疑问，我们就是在企图设计不同的系统，我们也就对社会的权力结构提出了根本性的挑战。

那些选项是显而易见的。不论我们是在未来沦落为蜜蜂一样的行为者，专门为系统和设备才做出自己的行动，还是意识到自己的技艺和能力既具有政治性也具有技术性，从而决定自己在新技术发展的过程中成为建筑师，加强人的创造性，并且拥有更多而不是更少的自由做出选择和表达。有一点是确定的：我们必须做出深刻的政治抉择，是当建筑师还是像蜜蜂那样行动。

参考文献

第一章 难题的认定

① Cooley M. I. E. 'The Knowledge Worker in the 1980s', Doc. EC35, Diebold Research Programme, Amsterdam, 1975.

② Braverman H. *Labor and Monopoly Capital. The Degradation of Work in the 20th Century*, Monthly Review Press, New York, 1974.

③ Dreyfus and Dreyfus, *Mind over Machine*, Glasgow, 1986.

④ Bodington S. *Science and Social Action*, Allison & Busby, London, 1979.

⑤ Needham J. 'History and Human Values' in H. and S. Rose (eds), *The Radicalisation of Science*, Macmillan, London, 1976.

⑥ Cooley M. J. E. 'Computer Aided Design, Its Nature and Implications', AUEW-TASS, 1972.

⑦ Polanyi M. 'Tacit Knowing: its bearing on some problems of philosophy', *Review of Modern Physics*, Vol. 34, October 1962, pp. 601-605.

⑧ Maver T. W. *Democracy in Design Decision Making CAD*, IPC Science and Technology Press, Guildford, Surrey, 1972.

第二章 工作本质的变化

① *Economist*, 22 January 1972.

② *Daily Mirror*, 7 June 1973.

第三章 人机互动

① Cooley M. J. E. 'Criteria for Human Centred Systems' in *A.I. and Society*, London, 1987.

② PROC 'Human Choice and Computers', Report HCC, Lp.5, IFIP,

Vienna, 1974.

③ Kling R.'Towards a People Centred Computer Technology', Proc. Assoc. Computer Mach. Nat. Conf., 1973.

④ Boguslaw R. *The New Utopians: A Study of Systems Design and Social Change*, Prentice-Hall, New Jersey, 1965.

⑤ Taylor F. W. *On the Art of Cutting Metals*, 3rd edition revised. ASME, New York, 1906.

⑥ *Dataweek*, 29 January 1975.

⑦ 'Nissan Agrees with Unions on Robots', *Computing*, 10 March 1983, p. 9.

⑧ Fairbairn W. quoted by J. B Jefferys, *The Story of the Engineers*, Lawrence & Wishart for the AEU, 1945, p. 9.

⑨ *Engineer*, 20 June 1974.

⑩ *Economist*, 14 July 1973.

⑪ Shakel B. 'The Ergonomics of the Man/Computer Interface', Proc. Conf. Man/Computer Communication, Infotech International Ltd, Maidenhead, UK, November 1978, p.17.

⑫ Faux R. *The Times*, 26 March 1975.

⑬ Rose S. *The Conscious Brain*, Penguin Books, 1976.

⑭ Archer L. B. *Computer Design Theory and the Handling of the Qualitative*, Royal College of Art, London, 1973.

⑮ Nadler G. 'An Investigation of Design Methodology Management', *Science* Vol. 3, June 1967, pp. 642-655.

⑯ Lobell J. 'Design and the Powerful Logics of the Mind's Deep Structures', DMG/DRSJ, Vol. 9, No. 2, pp.122-129.

⑰ Beveridge W. I. B. *The Art of Scientific Investigation*, Mercury Books, London, 1961.

Eisley L. *The Mind as Nature*, Harper & Row, New York, 1962.

Fabun D. 'You and Creativity', *Kaiser Aluminum News*, Vol. 25, No. 3.

⑱ Marx K. *Capital*, Vol. 1, p.174, Lawrence & Wishart, London, 1974.

⑲ Silver R. S. 'The Misuse of Science', *New Scientist*, Vol. 166, p. 956, 1975.

⑳ Rose S. 'Can Science Be Neutral?', Proc. Royal Institute, Vol. 45, London, 1973.

㉑ Rose H. & S. 'The Incorporation of Science', in H. and S. Rose (eds), *The Political Economy of Science*, Macmillan, London, 1976.

182

第四章　能力、技能与"训练"

① Braverman op. cit.

② Dreyfus & Dreyfus op. cit.

③ Kantor *Vorlesungen über Geschichte der Mathematik*, Vol. 2, Leipzig, 1880.

④ Olschki *Geschichte der neusprachlichen Wissenschaftlichen Litteratur*, Leipzig, 1919.

⑤ Sohn Rethel A. *Intellectual and Manual Labour: A Critique of Epistemology*, Macmillan, London, 1978.

⑥ Bowie T. *The Sketchbook of Villard de Honnecourt*, Indiana University Press, 1959.

⑦ Kemp M. *Leonardo da Vinci—The Marvellous Works of Nature and Man*, J. M. Dent & Sons Ltd, London, 1981, p. 26.

⑧ Ibid.

⑨ Polanyi op. cit.

⑩ Kemp op. cit., p. 102.

⑪ Cooley M. J. E. 'Some Social Implications of CAD' in Mermet (ed.), *CAD in Medium-Sized and Small Industries*, Proceedings of *MICAD 1980*, Paris, 1980.

⑫ Cooley M. J. E. 'Computerisation—Taylor's Latest Disguise' in *Economic and Industrial Democracy*, Vol.1, Sage, London and Beverly Hills, 1981.

⑬ Weizenbaum J. *Computer Power and Human Reason*, W. H. Freeman & Co., San Francisco, 1976.

⑭ Aspinal, Cooley et al. *New Technology, Employment and Skill*, Council for Science and Society, London, 1981.

⑮ Rosenbrock H. H. *Computer Aided Control Systems Design*, Academic Press, London, 1974.

⑯ Cooley M. J. E. 'Trade Unions, Technology and Human Needs', a 50-page report available free in seven languages from the International Metalworkers' Federation.

⑰ 'Human Centred Robot', *Financial Times*, 4 February 1986, p. 10.

⑱ *Shooting Life*, Spring 1987, p.11.

⑲ Taylor F. W. op. cit.

183

第五章　潜在性与实在性

① 'Shiftworking and Overtime Practices in Computing', Rep Computer Economics Ltd, Richmond, Surrey, 1974.

② Mott P. E. *Shiftwork; the Social, Psychological and Physical Consequences*, Ann Arbor, 1975.

③ Rosenbrock H. H. 'The Future of Control', *Automatica*, Vol. 13, 1977.

④ Östberg O. 'Review of Visual Strain with Special Reference to Microimage Reading', International Micrographics Congress, Stockholm, September 1976.

⑤ Allen B. 'Health Risks of Working with VDUs', *Computer Weekly*, 9 February 1968, p. 3

⑥ Report, *New York Times* Survey NIOSH, New York, 1976.

⑦　Östberg O. 'Office Computerisation in Sweden. Worker participation workplace design considerations and the reduction of visual strain', Proc. NATO Advanced Studies Institute on Man, *Computer Interaction*, Athens, September 1976.

⑧　'Making Sure Technology Is Right for the Press' *Computing*, 23 March 1978, p. 74.

⑨　'Electronic Office System Designed to Improve Managers' Productivity', *Computer Weekly*, 21 December 1978, p. 12,

⑩　Act relating to Worker Protection and Working Environment, Order No. 330, Statens Arbeidstilsyn Direktoratet, Oslo.

⑪　Urquart A. *Familiar Words*, cited in Marx K. *Capital*, London, 1855; Lawrence & Wishart, London, 1961, Vol. I, p.36.

⑫　Smith A. *The Wealth of Nations*, Random House, New York, 1937.

⑬　Martyn H. *Consideration upon the East India Trade*, London, 1801.

⑭　Braverman H. op. cit.

⑮　Dochery P. 'Automation in the Service Industries', Round Table Discussion, IFAC, 1978.

⑯　Kraft P. *Programs and Managers–The Routinization of Computer Programming in the United States*, Springer Verlag, Berlin, Heidelberg, New York, 1977.

⑰　Babbage C. *On the Economy of Machinery and Manufactures*, New York (reprint), 1963.

⑱　Carlson H. C. in Braverman, op. cit.

⑲　*Academy of Management Journal*, Vol. 17, No. 2, p. 206.

⑳　*Management Science*, Vol. 19, No. 4, p. 357.

㉑　*Times Higher Education Supplement*, 14 February 1975, p. 14.

㉒　*New Scientist*, 22 April 1976, p. 178.

㉓　*Guardian*, 12 October 1979.

㉔　Marglin S. 'What Do Bosses Do?' in A. Gorz (ed.), *The Division of Labour*, Harvester Press, Sussex, 1976.

㉕　Hoos I. 'When the Computer Takes over the Office', *Harvard Business Review*, Vol. 38, No. 4, 1960.

㉖　*Realtime*, Vol. 6, 1973.

184

第六章　新技术的政治含义

①　Rose H. & S. *The Incorporation of Science*, op. cit.

②　Rose H. & S. in W. Fuller (ed.), *The Social Impact of Modern Biology*, Routledge & Kegan Paul, London, 1971.

③　Yankelovich D. *The Changing Values on the Campus*, Washington Square Press, New

York, 1972, p. 171.

④　Silver R. S. op. cit.

⑤　Henning D. Bericht 74-09, Berlin Technical University, 20 January 1974.

⑥　Jungk R. *Qualität des Lebens*, EVA, Cologne, 1973.

⑦　Braverman H. op. cit.

⑧　Lenin V. I. 'The Immediate Tasks of the Soviet Government' (1918) in *Collected Works*, Vol. 27, Moscow, 1965.

⑨　Cited in *The Division of Labour*, A. Gorz (ed.), Harvester Press, Sussex, 1976.

⑩　Whyte W. H. *The Organisation Man*, Pengrun Books, Harmondsworth, 1960.

⑪　Marx K. *Critique of the Gotha Programme* C. P. Dutt(ed.), Lawrence & Wishart, London, 1938.

第七章　起草卢卡斯航空航天联合管事委员会的 "公司计划"

①　Fletcher R. 'Guided Transport Systems', North East London Polytechnic, 1978.

②　*Engineer*, 14 September 1978, pp. 24-25.

③　Marglin S. 'What Do Bosses Do?', op. cit.

④　Braverman H. op. cit.

⑤　Clegg A. 'Craftsmen and the Origin of Science', *Science & Society*, Vol. XLIII, No. 2, Summer 1979, pp. 186-201.

⑥　Albury D. 'Alternative Plans and Revolutionary Strategy' in *International Socialism*, Vol. 6, Autumn 1979.

⑦　Nadler G. op. cit.

⑧　Rosenbrock H. H. 'The Future of Control', *Automatica*, Vol. 13, 1977.

⑨　Rosenbrock H. H. 'Interactive Computing: A New Opportunity', Control Systems Centre Report No. 338, UMIST, September 1977.

Rosenbrock H. H. 'The Future of Control', op. cit.

⑩　Weizenbaum J. 'On the Impact of the Computer on Society, How does one insult a machine?' *Science*, Vol. 176, 1972, pp. 609-14.

Weizenbaum J. *Computer Power and Human Reason*, W. H. Freeman & Co., San Francisco, 1976.

⑪　Cooley, Friberg, Sjöberg *Alternativ Produktion*, Liberförlag, Stockholm, 1978.

第八章　卢卡斯航空航天联合管事委员会的计划：过去了十年

①　Booklets and videotapes from GLEB, 63/67 Newington Causeway, London SE1.

② Cooley M. J. E. and Murray R. Report No. IE 413, Tech. Div. GLEB.

③ 'Technology Networks', GLEB, 1986.

④ Shelley T. 'Solid Rubber Tyre Perfected at Last', *Eureka*, Vol. 6, No. 2, February 1986, pp. 34-6.

⑤ Craven F. 'Human-Centred Turning Cell', RD Projects, London, October 1985.

⑥ Cooley M. J. E. 'Trade Unions, Technology and Human Needs', op. cit.

第九章 一些社会和技术的预测

① Noble D. F. *America by Design*, Alfred A. Knopf, New York, 1977.

② Gossard D. & von Turkovich B. 'Analogic Part Programming with Interactive Graphics', Annals of the CIRP, Vol. 27, January 1978.

③ Gossard D. 'Analogic Part Programming with Interactive Graphics', PhD thesis, MIT, February 1975.

④ Rosenbrock H. H. The Future of Control, op. cit. (Ch. 5)

⑤ Rosenbrock H. H. 'Interactive Computing: A New Opportunity', Control Systems Centre Report No. 388, UMIST, September 1977.

⑥ Rosenbrock H. H. *Computer Aided Control System Design*, Academic Press, London, New York, San Francisco, 1974.

⑦ Rosenbrock H. H. 'The Redirection of Technology', IFAC Symposium: Criteria for selecting appropriate technologies under different cultural, technical and social conditions; Bari, Italy, May 1979.

⑧ Wainwright H. and Elliott D. *A New Trade Unionism in the Making*, Allison & Busby, London, 1982.

⑨ Cooley M. J. E. 'Trade Unions, Technology and Human Needs', op. cit.

⑩ Bodington S. et al. (eds) *The Socially Useful Economy*, Macmillan, 1986.

⑪ 'Technology Networks', op. cit.

⑫ London Industrial Strategy, op. cit.

⑬ London Labour Plan, GLC, 1986.

⑭ Rosenbrock H. H. Reports and articles from the Control Systems Dept, UMIST, 1983-6; book by members of the project steering committee (forth-coming 1987).

⑮ ESPRIT project reports from Technology Division, GLEB, 1986.

⑯ Brödner P. *Fabrik 2000*, Wissenschaftszentrum, Berlin, 1986.

⑰ *A. I. and Society*, London, 1987.

索　引

（以汉语拼音排序，数字为原书的页码，即本书的边码）

K

后　记

　　麦克·科雷是一位有天分的诗人，也是一位有创造性的工程师。我第一次聆听他的发言是在 20 世纪 80 年代早期，地点是在北方学院，那是迈克尔·巴勒克·布朗的宏伟的成人住宿学院，即"北方的罗斯金"。它位于巴恩斯利附近的文特沃斯城堡。那是在一次工人控制研究所组织的会议上，当时正是撒切尔"冰河年代"的早期。

　　关于麦克的发言内容，我没有精准的记忆，但我清楚地记得他的诗人风度。他用那种高雅而又清晰的爱尔兰西部口音，描述了隐含在人类活动中的那些手眼协调的非凡技能。在他的描述中，人类日常活动的各种技能，包括安全地穿越公路，估算着各种车辆的速度，这些活动都成了非凡的成就。

　　因此，出版《建筑师还是蜜蜂？》是我长期以来隐藏在心中的愿望，这个有趣的标题原先可以从位于斯劳一个住址获得。"侮辱性的机器"是科雷的另一个令人好奇的标题，它是一首诗的标题。我在 2014 年把这首诗发表在《发言人》上，这本刊物属于伯特兰·罗素和平基金会。这首诗最初发表在一本著名的刊物《人工智能与社会：以人为中心的系统的刊物》上，是麦克创刊的。

　　麦克的工作已经扩展到全球。《建筑师还是蜜蜂？》这本书已经翻译成若干种语言，包括德语、爱尔兰语、日语和瑞典语。现在，中文版的翻译也在进行中，这样就使得这部具有划时代意义的著作让那些热心的、具有强烈兴趣和创造性的读者阅读。经历了大约 35 年后,《建筑师还是蜜蜂?》仍然继续吸引着新的读者。

　　Engineer（工程师）一词源自拉丁文 ingenium（技能）。根据我最喜爱的《钱伯斯 20世纪词典》,ingenious（擅长发明或设计的）与 engineer 一样,也源自 ingeniums。Ingenium 一词在本书中的意思是"天生的智慧"。《建筑师还是蜜蜂?》的内容确实是多方面的。

托尼·辛普森

译者对索引的补充

（以汉语拼音排序，数字为原书的页码，即本书的边码）

图书在版编目（CIP）数据

建筑师还是蜜蜂？： 人类为技术付出的代价 /（英） 麦克·科雷著； 张敦敏译 . —北京： 商务印书馆， 2018
（商务新知译丛）
ISBN 978－7－100－16774－1

Ⅰ. ①建… Ⅱ. ①麦…②张… Ⅲ. ①计算机技术—研究 Ⅳ. ① TP301

中国版本图书馆 CIP 数据核字（2018）第 251309 号

商务新知译丛
建筑师还是蜜蜂？
——人类为技术付出的代价
〔英〕麦克·科雷 著
张敦敏 译

商 务 印 书 馆 出 版
（北京王府井大街 36 号 邮政编码 100710）
商 务 印 书 馆 发 行
北 京 冠 中 印 刷 厂 印 刷
ISBN 978 － 7 － 100 － 16774 － 1

2018 年 12 月第 1 版　　　开本 650×1000　1/16
2018 年 12 月北京第 1 次印刷　印张 12
定价：38.00 元